어디서나 무엇이든 물리학

어디서나 무엇이든 물리학

이기영 지음

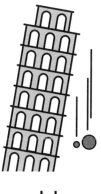

창비

나에게 가르침을 준 모든 이들과
물질세계 속의 신비로움을 찾는 이들에게

자연세계는 신비로움으로 가득하다

우리가 가질 수 있는 가장 아름다운 경험은 신비로움이다. 그것 이야말로 진정한 예술과 과학이 시작되는 요람의 역할을 하는 근본적인 감성인 것이다. 그 신비로움을 모른다면, 그리고 더이상 그것에 호기심을 느끼거나 경탄하지 못한다면, 우리는 죽은 것이나 마찬가지며 우리의 눈은 장님이나 다름없다.

이것은 1931년 아인슈타인이 잡지에 기고한 글 중 한 부분으로서, 그가 느낀 자연의 신비로움이 얼마나 강렬했는지 보여준다. 사실 그런 강렬한 감성이 없었다면 어떻게 자연의 깊은 신비를 깨달을 수 있었겠는가! 자연세계의 과학적 이해를 통해 아인슈타인은 종교적인 경지에까지 이른 것으로 보인다. "나는 신의 뜻을 알고 싶다. 나머지는 사소한 것들일 뿐이다" 같은 그의 말 속에는 그런 면이 잘 나타나 있다.

우리가 사는 자연세계는 얼마나 오묘한가! 그러나 과학적으로 깊이 이해하지 못한다면 우리 자연세계가 얼마나 오묘하게 만들어져 있는지 깨닫기는 쉽지 않다. 자연세계는 마치 수줍음 많은 사람과 같아서 자신의 오묘함을 눈에 띄지 않게 숨겨놓고, 진지하게 추구하는 이에게만 그 오묘함의 일부를 조금씩 드러내 보이기 때문이다.

역사적으로 동양과 서양은 자연을 서로 다른 시각으로 보아왔다. 서양에서는 자연을 개척하고 정복해야 할 객체로 보았고, 동양에서는 인간을 자연의 일부로 보고 자연 그대로와의 조화를 중시했다. 그 결과 서양은 자연에 대한 깊은 과학적 이해와 그것을 토대로 한 기술의 발전을 이룰 수 있었던 데 반해 동양은 그러지 못했다. 증기기관의 출현은 서양 과학기술이 이루어낸 역사적 사건으로, 인간이나 동물의 힘에만 의존하던 노동을 기계가 대신할 수 있게 만들었다. 증기기관은 세계의 역사를 서양 중심의 역사로 만들어놓았는데, 그 이면에는 자연을 대하는 동서양 문화의 차이가 존재했던 것이다.

과학은 원래 자연세계에 대한 인간의 근원적 감정인 순수한 호기심에서 출발했다. 그러나 자연세계를 과학적으로 이해함에 따라 인류는 그것을 응용하여 기술을 발전시켰고, 그것은 확실히 세상을 바꾸어놓았다. 어찌 보면 과학은 필연적으로 기술로 연결되는 외길로 갈 수밖에 없었던 것이다. 과학과 그에 따른 기술의 발전으로 말미암아 우리가 더 행복해졌다는 데 모든 사람이 동의하지는 않을 지도 모른다. 그러나 확실한 것은, 과학을 통하여 우리는 자연세계가 얼마나 오묘하고 아름다운 질서를 가지고 있는지를 깨달을 수 있었다는 것이다.

현대문명은 과학과 기술에 기반을 두었지만, 안타깝게도 많은 사람들은 과학을 어렵고 재미없는 것이라고만 생각하는 것 같다. 이것은 아마도 과학을 쉽게 설명해주는 좋은 교양서가 드물어서인 것 같다. 나는 이 책에서 물리학의 입장에서 바라보는 자연세계는 어떤 면에서 오묘하고 신비스러운가를 보통 사람의 눈높이 수준으로 써보려고 시도했다. 이 책의 일부 내용은 어쩔 수 없이 어려운 수준으로 남겨질 수밖에 없지만, 많은 부분은 과학적 소양이 어느정도 있는 사람이라면 이해할 수 있는 수준이라 생각한다.

이 책의 내용은 '눈에 보이는 세계' '눈에 보이지 않는 세계' '과학으로 들여다본 세계' 세 부분으로 나누어져 있다. '눈에 보이는 세계'라는 말은 우리가 일상생활에서 쉽게 경험하는 세계라는 뜻에서 붙인 제목이지만, 실제로는 그중에도 열이나 소리와 같이 눈에 보이지 않는 분자세계의 운동에 기반을 둔 현상이 포함되어 있다. 이 부분은 아마도 20세기 이전에 인간이 깨달았던, 뉴턴의 운동법칙으로 기술 가능한 고전적 세계라 이름을 붙이는 것이 더 적절할 것이다. 눈에 보이는 세계는 우리에게 익숙한 세계지만, 그래도 그 속에는 쉽게 알아차릴 수 없는 많은 신비로움이 숨어 있다. 그에 반해 '눈에 보이지 않는 세계'는 우리가 그려낼 수 없는 이상한 세계로서,

이해하거나 상상하기 어려운 신비로움으로 가득 차 있다. '눈에 보이지 않는 세계'라는 표현은 미시적 세계 또는 우주 스케일의 광대한 세계라는 의미로 썼지만, 아마도 20세기에 들어서면서 인간이 새롭게 깨닫게 된 세계라 이름 붙이는 것이 더 적절할 것이다. '과학으로 들여다본 세계' 부분은, 과학으로 이해할 수 없는 미신이나 종교적인 측면들과 진리에 대한 철학적인 생각을 담은 글들이다.

내가 얻은 작은 지식과 그것을 토대로 한 작은 깨달음을 다른 사람들과 나누려는 마음으로 집필했던 『자연과 물리학의 숨바꼭질』이 나온 지 이미 10년이 넘었다. 그동안 많은 분들이 좋은 평을 해주셨는데, 『어디서나 무엇이든 물리학』으로 일신한 개정판을 다시 맞게 되어 기쁘다. 이번 개정판에는 초판에 빠졌던 그림을 몇개와 짧은 글 몇편을 추가했다.

내가 이 책에 쓴 내용은, 나에게 영향을 준 스승님들, 동료들, 제자들, 그리고 여러 좋은 책들로부터 얻은 것들을 정리한 것이다. 또한 이 책의 내용 중 나 나름대로 깨달았다고 생각해 쓴 부분도 있지만, "내가 만일 다른 사람들보다 멀리 보았다면, 그것은 거인의 어깨 위에 서 있기 때문이다"라고 말한 뉴턴의 표현처럼 그것도 그 영향들을 토대로 한 것이다.

10여년 전 초판 「책머리에」의 내용은 지금도 유효한 듯하다. 나는 이 책으로 물리학이 발견한 물질세계의 오묘함을 많은 사람들과 나누고자 하며, 과학에 흥미는 있지만 어렵다고 여겨왔던 많은 사람들이 자연의 신비로움과 경이로움을 깨달을 수 있기를 바란다.

그리고 이 책에서 얻은 것들이 자연세계에 대한 경외심으로 연결되어 더 겸허한 삶과 그 삶 속에서 슬기로운 지혜를 찾아내는 원천이 되기를 바란다.

2018년 3월
강화에서 이기영

차례

제3부 과학으로 들여다본 세계

신은 오묘하시다.
그러나 짓궂지는 않으시다.

알베르트 아인슈타인

제1부

눈에
보이는
세계

제1장
불과 공기, 떼려야 뗄 수 없는 존재

한번 붙은 불은 스스로 계속 타오른다

여신 아테나의 도움을 받아, 프로메테우스는 불을 얻어 인간에게 가져다주었다. 이 선물로 인하여 인간은 다른 동물보다 우월하게 되었다. 불로 인해 인간은 무기를 만들 수 있었고, 토지를 경작할 도구도 만들 수 있었으며, 추운 곳에서도 살 수 있게 되었다.

이것은 그리스신화의 일부로서, 인간에게 불이 얼마나 중요한 의미를 지니는지 말해주고 있다. 불은 우리 자연세계에서 아주 흔한 현상 중 하나다. 태양은 지금도 불덩어리 상태로 지구상의 모든 생명을 유지시켜주고 있고, 지구도 먼 옛날에는 태양처럼 불덩어리였다. 또한 우리는 거의 매일 불을 경험한다.

지구 표면은 '지각'이라 불리는 얇은 껍질 같은 것으로 이루어져 있다. 지각을 이루는 물질들은 지구의 나머지 부분과는 물질 조성 비율이 매우 다른데, 가장 큰 차이는 지각을 이루는 물질들이 대부분 산화물 상태로 존재한다는 것이다. 산화물이란 산소와 화학 결합한 것으로서, 불에 탄다는 것은 바로 산화됨을 의미한다. 즉, 지각의 구성 물질이 대부분 산화물이라는 사실에서, 우리는 지구가 처음에는 불덩어리 상태였으며 그때 지표면의 모든 것이 불에 타서 산화물이 되었으리라 추측할 수 있다. 가장 쉬운 예로, 지구 표면의 대부분을 덮고 있는 물은 수소가 불에 타 만들어진 것이다.

불은 우리 일상생활에서 필수적인 것이기도 하지만, 또한 두려움을 주기도 한다. 만약 인간이 불을 이용하지 못했다면 동물과 그렇게 다른 생활을 할 수 없었을 것이다. 이같이 불이 중요하기 때문에, 불의 특성을 과학적으로 살펴보는 것은 의미있는 일이다. 불의 특성을 잘 이해하면, 위급한 상황에서 우리의 생명과 재산을 지킬 수 있는 지혜까지도 얻을 수 있기 때문이다.

불을 다루어본 사람은 누구나 물체에 처음 불을 붙이는 것이 쉽지만은 않다는 사실을 알고 있다. 그러나 한번 붙은 불을 끄는 일도 또한 쉽지 않다. 무엇 때문에 불은 붙이기도 어렵고 끄기도 어려운가?

대부분의 자연적 현상은 어떤 변화가 생길 때 그 변화에 저항하는 방향으로 진행된다. 즉, 자연은 변화에 저항하는 특성이 있다고 말할 수 있다. 늘어나거나 압축된 용수철이 원래 상태로 돌아가는 현상이 그 좋은 예다. 우연히 일어난 불안정한 상태가 더 불안정해지는 방향으로 계속 변화가 진행되면 결국 파국을 맞을 수밖에 없기 때문에, 그러한 자연의 특성은 안정된 세계를 이루는 데 필수적이라 할 수 있다.

그러나 자연에서의 어떤 변화는 상승작용을 일으켜 계속 변화를 부추기는 방향으로 진행되기도 한다. 그런 예는 화학반응에서 흔히 나타나는데, 어떤 경우는 연쇄작용으로 인해 폭발적인 반응을 하기도 한다. 불의 경우도 바로 거기에 해당한다.

불이라는 현상을 과학적으로 분석함으로써 깨달은 지혜를 통해, 불을 끄는 현명한 방법은 무엇인지에 관해 알아보자. 그것을 알려면 먼저 물체가 어떨 때 불에 타는지 알아야 한다. 물질이 불에 타기 위한 조건으로는 다음의 세 가지가 잘 알려져 있다.

① 불에 탈 물질이 있을 것.
② 그 물질의 온도가 인화점(불이 붙기 시작하는 온도)에 도달할 것.
③ 충분한 공기가 공급될 것.

이 세 가지 조건을 모두 만족시키는 것이 쉬운 일은 아니라고 생각될지도 모른다. 그러나 흥미롭게도, 자연세계는 이 세 조건을

'스스로' 만족하도록 되어 있다. 그렇지 않다면 우리가 불을 두려워할 무슨 이유가 있겠는가!

불을 끄는 첫번째 방법은, 아주 단순하게도 불에 탈 재료인 물질을 없애는 것이다. 불에 탈 수 있는 물건들을 재빨리 치워버리는 것이 가장 확실하면서도 손쉬운 방법인 것이다. 예를 들어, 산에 나무를 베어내어 산림도로를 만드는 것은 탈 수 있는 재료를 제거함으로써 산불이 크게 번지는 것을 방지하는 데 도움이 된다. 그러나 대부분의 상황에서는 불에 탈 수 있는 물체를 재빨리 치우기 어렵다. 또 집에 불이 날 때처럼, 탈 수 있는 물체를 아예 치울 수 없는 경우도 많다. 따라서 불이 번지는 것을 막는 데 이 방법은 그리 쓸모있다고 할 수는 없다.

두번째 방법은 불에 탈 수 있는 물체의 온도가 인화점에 도달하지 못하게 하는 것이다. 불이 났을 때 물을 뿌리는 행위는 이 방법을 이용한 것이다. 물은 쉽게 온도가 올라가지 않을뿐더러 또 쉽게 기화되지도 않기 때문에, 불타는 물체에 물을 뿌리면 물체의 온도는 급격히 떨어져 인화점 아래로 내려가게 된다. 따라서 불이 났을 때 주위에 물이 있다면, 매우 다행한 일이라 할 수 있다. 상수도 시설이 없었던 옛날에는 불이 날 때를 대비하여 궁궐 같은 큰 건물에 커다란 물항아리를 둔 경우가 많았다.

마지막 방법인 '충분한 공기의 공급을 차단하는' 것은, 흔히 큰 관심을 끌지 않지만 흥미로운 방법이다. 사실 공기가 충분히 공급되지 않는다면, 물체가 계속해서 불에 타지는 않을 것이기 때문이다. 부채나 선풍기로 공기를 공급하면 불이 더 잘 타오른다는 것은 잘 알려져 있다. 또 굴뚝을 세우면 아궁이불이 더 잘 타는 것도 잘 알려져 있다. 이 방법들은 모두 공기, 더 정확히 말하면 산소를 충분히 공급하기 위한 것이다.

그러나 오묘하게도 자연세계에서는 굴뚝을 세우지 않아도 타는 물체에 저절로 공기가 공급되는데, 이는 더운 공기가 팽창하는 현상 때문이다. 불에 산소를 빼앗긴 공기는 가열 팽창하면서 가벼워져 위로 올라가고, 그 빈 자리에 다른 '신선한' 공기가 밀려들게 된다. 물론 이 '신선한' 공기는 많은 산소를 가진 공기다. 즉, 한번 불붙은 물체가 계속 타는 이유는 '더운 공기는 팽창한다'는 자연현상 때문인 것이다. 만약 자연이 이렇게 만들어지지 않았다면, 불로 무엇을 태워 없앤다는 것은 매우 어려운 일이 되었을 것이다.

조금만 더 알려주세요! 💬 **공기를 차단해 불을 끄는 방법** 불을 끄는 주된 방법은 '공기를 차단하는' 것이다. 소화기를 작동시키면 거품이 나오는데, 그 거품의 역할은 물체로부터 불이 타기 위해 필요한 공기를 차단하는 것이다. 불이 난 곳을 일시적이나마 거품 같은 것으로 덮어 외부 공기를 차단할 수 있다면, 불은 더이상 번지지 않을 것이다. 휘발유 같은 기름에 불이 붙은 경우에는 물로 그 불을 끌 수 없다. 왜냐하면 휘발유는 물보다 가벼워서, 물로 덮이지 않고 위로 떠오르기 때문이다. 그래서 공기가 차단되지 않고 계속 공급되어 타게 되는 것이다. 그런 불을 끄려면 소화기의 거품같이 공기를 차단할 수 있는 것을 이용해야만 한다.

공기 차단법을 이용하여 불을 끄는 예로 '맞불 놓기'도 있다. 이것은 산불같이 매우 큰 규모의 불이 났을 경우 유용한 방법이다. 대형 화재가 발생했을 때 다른 곳으로 번지지 않게 조절할 수 있는 불을 그 근처에 놓는데, 그렇게 놓은 맞불은 주위의 신선한 공기를 잡아먹어 다가오는 산불이 쓸 산소를 미리 없애버린다.

이러한 맞불 놓기는 중요 건물에 화재가 났을 경우에도 유용할 수 있다. 이 경우 중요 건물 근처에 적절한 방법으로 더 큰 불을 놓으면 그 불이 산소를 많이 잡아먹어 중요 건물의 진화에 도움을 줄 수 있다. 유전 같은 곳에 난 대규모 화재의 경우, 그 불을 끌 때 폭탄을 투하한다고 한다. 이것도 폭탄으로 유전 지역의 산소를 일시적으로 소모시키거나 폭풍효과로 공기를 잠시 유전 지역 밖으로 밀어내기 위해서라고 생각된다. 가정에서 일어나는 작은 규모의 불을 끄는 데도 공기 차단법은 유용할 수 있다. 불이 크게 번지지 않은 상태에서는, 입고 있던 옷이나 이불 같은 것으로 불을 덮어버리면 뜻밖에 쉽게 끌 수 있다. 이때 솜같이 불에 잘 타는 물질로 덮는 것에 본능적으로 불안감을 느낄지도 모르지만, 공기의 차단만 잘되면 물질이 인화점에 도달하기 전에 대부분의 불은 끌 수 있다.

조금만 더 알려주세요! ⟨?⟩ **굴뚝의 효능** 굴뚝을 세우면 아궁이불이 잘 타는 이유는 무엇일까? 잘 알려져 있듯이, 대기압은 높이 올라갈수록 점점 낮아진다. 그러므로 이같은 단순한 기압 차이 때문에, 아궁이 부분에서 굴뚝 위로 공기가 이동한다고 생각하기 쉽다. 그러나 웬만큼 굴뚝의 높이가 높지 않다면 기압 차이는 아주 미미하다. 즉, 굴뚝의 효과를 미미한 기압 차이로만 설명할 수는 없는 것이다.

굴뚝의 효과는 높은 곳에서 바람이 세게 불 때 생기는 기압 차이 때문이다. 자연세계에서는 고도가 높을수록 바람이 강해지는데, 유체에서의 압력은 속도가 빠른 곳에서는 낮아진다(유체의 속도가 빠른 곳에서 압력이 낮아지는 현상을 베르누이Bernoulli 현상이라 한다). 그래서 굴뚝 윗부분에서는 이런 바람 때문에 압력이 낮다. 그러므로 굴뚝의 효과는 바람이 강한 날 더 좋다고 말할 수 있다.

어떤 현상은 꼬리에 꼬리를 물고 계속된다

20세기 초에는 비행선이 크게 유행했다. 공기보다 가벼운 수소를 이용해 거대한 비행선을 공중에 뜨게 할 수 있었던 것이다. 수소를 채운 비행선이 뜰 수 있는 것은, 공기가 주로 질소와 산소로 이루어져 있는데 수소는 이들 원소보다 가볍기 때문이다. 그러나 이 새롭고 신기한 운송수단은 비행선 몇 대의 대폭발 사고 이후 완전히 포기되었다. 비행선에 쓰이는 수소가 사소한 원인에 의해서 자주 폭발하여 대참사를 일으켰기 때문이었다.

수소는 물을 전기분해하면 쉽게 얻을 수 있는데, 이때 산소도 동시에 만들어진다. 전기분해하려면 물론 에너지가 필요하다. 이것을 거꾸로 생각하면, 수소와 산소가 결합하여 물분자를 이루면 에너지가 발생한다는 뜻이 된다. 실제로 이 원리를 이용하여 우주인들은 수소와 산소를 반응시켜 마실 물을 얻고, 그때 발생하는 에너지를 이용하여 전기를 얻기도 한다. 이러한 방식의 전지를 연료전지라 부르는데, 미래에는 연료전지를 이용한 자동차가 주종을 이룰 것으로 보인다.

원자들이 서로 부딪치면 두 가지 결과가 일어날 수 있다. 하나는 원래 상태의 원자로 다시 튀어나오는 것이다. 이는 원자끼리 가까이 접근할 때 같은 부호의 전하끼리 서로 밀어내는 힘이 작용하기 때문이다. 그러나 약간 더 세게 부딪치면 다른 상황이 벌어질 수도 있다. 만약 두 원자가 서로 밀어낼 수 있는 힘의 한계를 넘으면,

원자들은 더이상 버티지 못하고 서로 결합하여 처음과는 전혀 다른 성질을 지닌 원자덩어리를 만들기도 하는 것이다. 이것이 바로 화학 반응이다.

서로 무관하던 두 원자가 결합하여 한 분자를 이루면 에너지를 내어놓는데, 이렇게 만들어진 분자가 얼마나 안정되었는지는 방출된 에너지인 결합에너지가 얼마나 큰가에 비례한다. 관심을 끄는 것은 이때 방출된 에너지가 주위에 있는 다른 원자나 분자들에 동일한 화학반응을 일으키게 만들 가능성이다. 만약 이것이 가능하다면, 한 화학반응이 다른 화학반응을 촉발하여 연쇄반응이 일어나게 되고, 결과적으로는 엄청난 양의 에너지가 짧은 시간 동안 발생하게 된다.

물질이 불에 타는 과정은 이러한 연쇄반응 과정으로서, 탈 때 나오는 열에너지가 주위의 물질을 인화점에 이르게 하여 연소반응을 촉진하는 것이다. 더운 공기가 팽창하여 올라가면서 새 공기를 끌어들이는 현상과 더불어, 우리는 불에 타는 물질에서 나오는 열로 인해 다른 물질이 인화점에 도달함으로써 한번 붙은 불이 계속 번지게 됨을 알 수 있다.

이러한 이치를 깨닫고보면, 자연세계에서 일단 붙은 불은 계속 타도록 만들어졌다는 것을 알 수 있다. 불에 의한 열로 인해 주위 물질이 쉽게 인화점에 도달하는데다가, 팽창한 더운 공기가 올라가 신선한 공기를 스스로 공급하도록 만들어져 있는 것이다. 그러므로 인위적으로 불을 끄거나 비가 오는 등의 자연현상이 없으면, 한 지

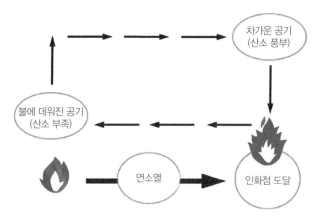

공기 팽창에 의한 순환과 연소열로 인해, 한번 붙은 불은 계속해서 번지게 된다.

역에 붙은 불은 한없이 번져나갈 가능성을 지닌다. 불은 얼마나 경계해야 할 대상인가!

조금만 더 알려주세요! 💬 **연쇄반응과 폭발 위험성** 모든 연쇄반응이 불에 타는 과정처럼 완만히 일어나는 것은 아니다. 어떤 경우 그 반응은 한꺼번에 격렬하게 일어나 폭발한다. 수소는 산소와 매우 잘 결합하는 성질을 지니고 있다. 따라서 충분한 양의 수소가 공급되기만 한다면 작은 자극만으로도 쉽게 연쇄반응이 시작되어 폭발하게 된다. 광고용 풍선에 수소기체를 쓰는 것은 폭발 가능성 때문에 매우 위험한 것임에 유의해야 한다.

수소와 마찬가지로 매우 가볍지만 화학반응을 거의 안하기로 유명한 물질인 헬륨He을 쓰면, 폭발의 위험은 사라진다. 그러나 물에서 얻을 수 있는 수소와는 달리 헬륨을 구하기는 매우 어렵다. 수소는 산소와 결합하기를 즐기므로 많은 양의 수소가 이미 물로 존재하지만, 헬륨은 어떤 원자와도 결합하기를 좋아하지 않으므로 화합물 형태로 묶어둘 수 없고, 묶여 있지도 않다. 우리가 얻는 헬륨은 대부분 방사능 물질에서 나오는 알파선에서 얻어진다.

대기는 여러 방법으로 우리를 보호해왔다

공기는 물질이 불에 타는 데도 중요하지만, 공기가 없으면 우리는 잠시도 살지 못한다. 이는 물론 우리도 공기 중의 산소로 음식물을 '태우기' 때문이다. 생명체에 필요한 산소를 공급해주는 일 외에 공기는 우리에게 어떤 다른 일을 해주고 있을까? 산소 공급을 제외한다면, 지구를 둘러싼 대기가 우리에게 꼭 필요한 존재임을 일상생활에서 깨닫기는 쉽지 않다.

사실 대기는 거친 우주로부터 지구 생명체들을 보호하는 어머니 같은 역할을 해왔다. 먼저 하늘에서 떨어지는 빗방울을 생각해보자. 굵은 우박은 좀 아프긴 하지만, 빗방울은 우리에게 큰 문제가 되지 않는다. 그러나 공기가 없다면 빗방울이나 우박은 우리에게 얼마나 위험한 것들이 될까?

그러나 더 심각한 문제는 거친 우주로부터 날아드는 별똥별들이다. 지구 대기권에는 하루 평균 300톤가량의 운석(별똥별)이 들어오는 것으로 알려져 있다. 그 운석들의 속도는 매우 빠르지만, 다행히 대기권에 들어오며 공기와의 마찰로 인해 거의 타버리고 만다.

대기는 떨어지는 물체(왼쪽)나 운석(오른쪽)으로부터 우리를 보호해준다.

커다란 운석이 지구와 충돌하는 SF영화 몇 편이 만들어지기도 했지만, 그런 일이 우리 인간Homo sapiens의 역사에서 실제로 일어날 확률은 0에 가까울 정도로 작아 보인다.

그러나 인간의 역사보다 좀더 긴 시간을 두고 보면, 지구는 여러 차례 매우 큰 운석과 충돌한 것으로 보인다. 미국 애리조나주나 러시아 시베리아 지역에는 운석이 떨어졌던 곳으로 추정되는 매우 큰 분지crater가 있는데, 그 정도 크기의 운석이라면 지구에 상상하기 어려운 충격을 주었으리라 생각된다. 한때 지구를 지배했던 공룡이 갑작스럽게 멸망한 것도 그런 운석과 지구의 충돌 때문으로 추정되는데, 그때의 충돌로 만들어진 먼지가 몇년간 하늘을 뒤덮어 모든 식물이 죽게 되고, 따라서 그것을 먹고사는 모든 동물들도 멸종했으리라는 것이다. 우리 인간도 그런 상황이 오면 그런 운명을 피할 수는 없을 것이다. 50억년 정도로 추정되는 태양계의 역사에서 지구와 거대한 운석의 충돌은 여러번 있었을 것이다. 그러나 수백만년이라는 길지 않은 인간의 역사에서 그런 일이 벌어질 가능성은 거의 없다고도 볼 수 있다.

공기의 역할은 하늘에서 떨어지는 빗방울이나 운석으로부터 우리를 보호해주는 데 그치지 않는다. 대기권을 벗어날 정도로 고도가 높은 곳은 매우 위험한데, 그 이유는 바로 태양에서 날아오는 강력한 에너지를 가진 우주선^{cosmic ray} 입자들 때문이다. 태양은 핵융합을 하는 수소폭탄과 같은 존재이며, 수많은 방사능 입자들을 사방으로 내뿜는다. 그 입자들은 거의 빛의 속도로 지구로 날아들지만, 1차적으로 지구가 가진 자기장이 그것들이 지구에 접근하지 못하도록 막는다. 그러나 지구 자기장만으로 그것들을 막아내기는 어렵고, 결국은 많은 입자들이 대기권에까지 들어오게 된다.

공기는 이때도 중요한 역할을 한다. 우주선 입자들은 대기권 공기의 장막을 통과해야 하는데, 수많은 공기분자와 충돌하면서 그 장막을 통과해 지표면까지 도달하기는 거의 불가능하기 때문이다. 이와 같이 공기는 우주 공간에서 오는 무서운 방사능 입자들을 막아주는 것이다. 지구에서 생명체가 살아갈 수 있는 환경을 만드는 데 공기는 얼마나 많은 기여를 하는가!

조금만 더 알려주세요! 💬? 무거운 물체일수록 더 빨리 떨어진다 하늘에서 떨어지는 모든 물체는 시간이 지날수록 점점 더 빠르게 떨어진다. 그러다 어느 한계에 이르면, 더이상 빨라지지 않고 일정한 속도로 떨어진다. 그 속도를 '끝속도'라 부르는데, 물체가 이와 같이 무한정 빠르게 떨어지지 않는 이유는 공기 때문이다. 떨어지는 물체에 작용하는 공기의 마찰력은 속도가 빨라질수록 점점 커져 중력값에 가까워진다. 그러다 공기에 의한 마찰력이 물체의 무게와 같아지는 단계에 이르면 일정한 속도로만 운동하게 되는 것이다.

공기와의 마찰력 크기는 물체의 빠르기에 거의 비례한다. 끝속도에서의 저항력 크기는 무게와 같아지므로, 끝속도는 물체의 무게에 비례한다고 말할 수 있다. 즉, 무거운 물체일수록 결국은 더 빨리 떨어지게 되는 것이다. 가랑비의 빗방울은 가볍기 때문에 아주 느린 끝속도로 떨어진다. 그러나 굵은 빗방울은 더 빨리 떨어지고, 그보다 더 무거운 우박은 매우 빠르게 떨어지게 된다. 공기로 인해 우박이 떨어지는 속도가 느려졌음에도 불구하고 경우에 따라서는 우리에게 그렇게 큰 피해를 주는데, 공기가 없다면 어떤 일이 벌어질 것인가!

한편 개미나 쥐는 가볍기 때문에 높은 곳에서 떨어져도 그 끝속도가 느린 편이다. 그러나 안타깝게도 사람은 매우 무거운 편이어서 그 끝속도가 매우 빠르다. 그러므로 높은 곳에서 떨어지면 크게 다치거나 죽게 된다. 끝속도가 무게에 비례한다는 점을 생각한다면, 몸무게가 10kg인 아이의 끝속도는 60kg인 어른의 1/6밖에 안된다는 것을 알 수 있다. 이 경우 땅에 떨어져 부딪칠 때 받는 힘의 차이는 얼마나 될까? 이때 어른이 받는 힘은 아이의 약 200배는 넘는다. 그래서 고층아파트에서 떨어졌을 때 어른의 경우는 거의 살아남기 힘들지만, 어린 아이의 경우는 종종 살아남을 수 있는 것이다.

조금만 더 알려주세요! ⋯ **우주선의 대기권 진입 각도** 우주선이 대기권에 진입할 때 그 속도가 엄청나게 빠르기 때문에, 공기와의 마찰력이 심각한 문제가 된다. 너무 깊은 각도로 진입하게 되면 공기와의 마찰에 의한 열 때문에 우주선 표면이 녹아버리고, 너무 얕은 각으로 진입하게 되면 공기층에 의해 반사되어 다시 우주 공간으로 튕겨나가기 때문이다. 그러므로 우주선은 좁은 범위의 적당한 각으로만 대기권에 진입해야 하는데, 그렇게 하더라도 그 속도가 너무 빨라 많은 열이 발생하고 우주선 표면은 매우 뜨거운 상태가 된다. 저궤도 인공위성이 약 90분마다 지구를 한 바퀴씩 도는 점을 생각한다면, 대기로 진입하는 우주선의 속도가 얼마나 빠를지 짐작할 수 있을 것이다. 따라서 우주선 표면은 높은 온도에서도 잘 녹지 않는 특수한 물질로 이루어져 있다. 예를 들어, 우주왕복선의 분사구 쪽은 초고온에서 구운 도자기성 물질인 세라믹 조각들을 붙여 만든다.

대기는 바람을 만든다

바람이 없는 세계를 상상해보면 아무런 변화도 없는 마치 죽은 것 같은 세상일 거라는 생각이 든다. 태풍 같은 무서운 바람이나 차가운 겨울철 바람은 없으면 좋겠지만, 바람이 없다면 이 세상은 얼마나 답답할까? 시원한 바람을 생각하지 않아도 우리는 바람이 없는 세상이 얼마나 불편한 세상일지 쉽게 상상할 수 있다.

바람은 물론 공기의 흐름이다. 따라서 공기가 없다면 바람이라는 현상도 없을 것이다. 바람이 부는 원인은 공기의 압력인 기압이 위치에 따라 달라지는 데에서 찾을 수 있다. 기압차가 생기는 원인은 위치에 따른 공기의 온도 차이 때문이다. 공기가 열을 받아 더워지면 팽창하게 되고, 그 밀도는 작아져 가벼워진다. 가벼워진 공기는 위로 올라가며 그 지역을 저기압 지역으로 만든다. 저기압 지역이 된 그 빈 자리에는 주위에서 다른 공기가 밀려들게 되는데, 이것이 바로 바람이다.

따라서 바람이 불려면 한 지역의 온도가 주위보다 높아져야 한다. 지구의 표면은 크게 나누면 호수, 강, 바다 같은 물로 된 부분과 흙이나 바위로 된 부분으로 구성되어 있다. 흥미로운 것은 물과 흙이 매우 다른 열적 특성을 갖는다는 점이다. 같은 양의 햇빛을 받을 때 물은 쉽게 데워지지 않는 반면 흙은 쉽게 데워지는데, 그 차이는 매우 크다. 따라서 거의 일정한 온도를 유지하는 강이나 바다에 비해 육지의 온도 변화는 더 크며, 그 온도 변화가 곧 공기의 온도 변화로 연결된다.

공기의 집단을 기단이라 부르는데, 온도의 차이에 따라 생성되는 기단은 국지적인 작은 단위부터 크게는 대륙적인 단위까지 다양하게 존재한다. 예를 들어 커다란 기단 단위로 볼 때, 우리나라의 날씨는 시베리아 대륙기단과 태평양 기단이 몇달이라는 긴 시간에 걸쳐 만들어낸 온도 차이에 의해 결정된다. 태평양 같은 대양의 물은 온도 변화가 크지 않은 반면, 대륙은 온도 변화가 커서 계절풍이 생성되는 것이다.

굳이 이러한 커다란 시간과 공간 스케일에 관계되는 기상현상을 이야기하지 않더라도, 여름철 바닷가나 강가에 가면 시원함을 느낄 수 있는 것은 작은 규모의 기단 이동에 따른 바람 때문이다. 대낮에 육지의 공기가 더워져 상승하면, 바다나 강의 기단이 밀려와서 우리를 시원하게 해준다. 마찬가지로 밤이 되면 육지가 먼저 차가워지므로, 바람은 바다를 향하여 부는 육풍이 된다.

바람이 없다면 공기가 순환되지 않아 한번 만들어진 나쁜 냄새가 흩어져 없어지는 데 오랜 시간이 걸릴 것이다. 또 매연은 걷히지 않아 도시는 항상 나쁜 공기로 덮여 있을 것이고, 숲에서 만들어진 신선한 공기가 도시로 이동하는 것도 불가능해진다. 물과 흙의 열적 특성이 크게 차이 나기 때문에, 공기는 우리가 살기 좋은 환경을 만들어줄 수 있는 것이다.

조금만 더 알려주세요! 🗨️ **높은 산 위에서 눈이나 비가 자주 오는 까닭** 히말라야나 알프스 등 높은 산맥은 언제나 눈으로 덮여 있다. 또 우리나라에서도 태백산맥을 넘을 때는 눈이나 비를 자주 만나게 된다. 이런 현상은 기단의 급격한 팽창에 따른 온도 변화가 원인이다.

공기의 집단인 기단이 이동하다가 산맥을 만나면 산을 따라 상승하게 된다. 그렇게 고도가 높아지면 대기압이 낮아지기 때문에 공기덩어리의 부피는 급격히 팽창하게 되며, 기체가 팽창하면 온도는 급격히 떨어진다. 따라서 고지대의 공기는 온도가 낮을 수밖에 없으며, 만약 그 공기가 많은 습기를 가지고 있었다면 그것이 응결되어 비나 눈이 된다. 등산을 할 때 높은 산꼭대기에 올라가면 평지에서 안 내리던 비나 눈이 내리는 것을 많이 볼 수 있는 이유가 바로 이것이다.

우리나라는 태백산맥이 동해안을 따라 뻗어 있고, 또 작은 가지로 강원도 오대산에서 전북 무주 쪽으로 소백산맥이 있다. 한편 북반구에 위치한 우리나라는 편서풍 지역에 있으므로, 기단은 거의 항상 서쪽에서 동쪽으로 이동한다. 따라서 우리나라를 가로질러 동해안 쪽으로 이동하는 기단은 강원도 한계령이나 대관령 지역을 넘어가며 앞에서 말한 단열팽창과 단열압축 과정을 겪는다. 그 때문에 그 지역에는 눈이나 비가 자주 오며, 또한 습기를 잃은 건조하고 높은 온도의 바람 때문에 강릉 등 동해안 연안도시는 무덥게 마련이다. 이런 바람은 '높새바람'이라는 이름으로 잘 알려져 있다.

한편 소백산맥의 영향 때문에 대구 지역도 여름에 무더우며 비가 잘 오지 않는다. 또 소백산맥 때문에 가뜩이나 습기를 잃은 대구분지 지역의 기단은 다시 태백산맥의 줄기 끝인 가지산 등 영남 지역의 산을 넘으며 눈이나 비를 뿌린 후 건조해져서 포항 등 남동해안 도시는 더욱 가물고 덥게 된다.

이러한 현상은 북미 대륙에서도 매우 뚜렷한 특징을 가진 기후를 만든다. 예컨대 캘리포니아주 남북으로 걸쳐 있는 시에라Sierra산맥 때문에, 캘리포니아주의 동부 지역과 네바다주·유타주·애리조나주는 건조한 사막성 기후를 보인다. 이 현상은 중부 콜로라도주의 로키Rocky산맥을 넘으면서도 나타나는데, 따라서 콜로라도주 동부는 약간의 사막성 기후를 보인다.

제2장

물, 지구 생명체의 토대

물은 수중 생명체를 보호한다

물은 수소가 불에 탄 결과로 생성되는 물질이지만, 불과 반대되는 이미지를 가진다. 그 이미지는 물론 불을 끄는 데 물이 가장 효과적으로 쓰이기 때문에 만들어진 것이다. 우리 지구의 표면은 약 80%가 물로 덮여 있다고 한다. 또 지구온난화현상으로 극지방의 얼음덩이가 녹으면서 더 많은 육지가 바닷물에 잠기게 될 것이다. 이렇게 지구에 사는 우리에게 물은 매우 중요하면서도 큰 영향을 주는 존재다.

물은 이상한 성질을 수없이 많이 가진, 신비스러울 정도로 특이한 물질이다. 여러 특성 중 먼저 온도에 따른 물의 비중에 관해 얘기를 시작해보자. 온도에 따른 물의 비중은 다른 물질과 달리 독특한데, 그것은 액체 상태의 물의 경우 섭씨 4도 근처에서 가장 비중이 크다는 것이다. 이 말은 같은 부피의 물이라면 섭씨 4도짜리 물이 가장 무겁다는 뜻이다.

온도에 따른 물의 밀도 변화

온도($^{\circ}$C)	밀도(kg/m^3)
0	917
4	1000
90	965
100	958

대부분의 물질은 액체 상태에서 온도를 낮춰가면 그 비중이 점점 커지다가, 마침내는 얼어서 고체 상태가 된다. 따라서 대부분의 물질은 고체 상태의 비중이 액체 상태의 비중보다 더 크다. 그러나 물은 그렇지 않다. 물도 다른 물질과 마찬가지로 섭씨 4도까지는 온도가 내려감에 따라 비중이 커진다. 그러나 이상하게도 얼음이 되기 바로 전인 4도 근처에 이르면 갑자기 방향을 바꿔, 온도가 내려감에 따라 비중이 작아지기 시작하는데, 이런 성질은 얼음이 될 때까지 계속된다. 이 때문에 얼음의 비중은 섭씨 0도 근처의 물보다 작아져서, 극지방의 차가운 바닷물 위에 얼음덩이가 떠다니게 되는 것이다.

　　그러나 이보다 더 눈길을 끄는 사실은, 이런 특성 때문에 호수의 물이 표면부터 얼어붙기 시작한다는 점이다. 물은 섭씨 4도에 이르면 가장 무거워져 호수 밑바닥으로 가라앉게 되며, 따라서 결국

온도에 따른 물의 특이한 열팽창 특성 때문에,
호수의 물은 표면부터 얼어붙어 수중 생태계를 보호한다.

호수 전체의 물의 온도가 섭씨 4도가 될 때까지 물은 순환한다. 이
상태에 이르면, 표면 부분의 물은 4도보다 더 내려가게 되고 그대로
표면에 머물다가 마침내 얼음이 되어버린다.

  만약 물의 비중이 섭씨 4도 근처에서 가장 커지는 '이상한' 성
질이 없다면, 호수 표면이 아니라 밑바닥 물의 온도가 가장 낮아지
게 되고, 얼음은 밑바닥부터 얼어 올라올 것이다. 그렇게 되면 호수
바닥에 있는 수초 같은 생물들은 살아남기 어려울 것이며, 물고기들
도 살아남기가 쉽지 않을 것이다. 물이 표면부터 얼어 들어가는 특
성은 또다른 중요한 의미를 가진다. 그것은 얼음이 가진 좋은 단열
성에서 기인하는 것인데, 표면에 생긴 얼음이 열을 차단해 얼음 밑
에 있는 아직 얼지 않은 물이 쉽게 열을 빼앗기지 않게 해주기 때문

이다. 만약 얼음이 밑바닥부터 얼어 올라온다면 호수의 물은 지금보다 훨씬 더 빨리 얼게 될 것이다. 또 추위가 심한 경우, 호수의 물이 더 쉽게 얼어붙어 호수 생명체들은 멸종의 위기를 맞았을 것이다.

수중 생태계를 보호하는 것 외에도, 물은 우리에게 여러모로 많은 혜택을 주는 존재다. 우리 몸의 성분은 70% 이상이 물로 되어 있다고 한다. 사람은 물만 있다면 음식물이 없어도 한 달 이상 살아남을 수 있지만, 물을 마시지 못하면 3일 정도밖에 살지 못한다고 한다. 이 사실은 인간의 신체 기능에서 물이 얼마나 중요한 물질인지 잘 보여준다. 외계 생명체의 존재에 관심을 갖는 과학자들은 그 별에 물이 있는지를 가장 중요시한다. 우주의 다른 곳에 존재할지도 모르는 생명체들이 반드시 물에 기반을 두고서만 생겨나고 유지되는지는 확신할 수 없지만, 물이 우주의 가능한 모든 생명체의 토대가 된다고 보기 때문이다.

물, 너는 맛도 없고 빛깔도 향기도 없다.
너는 정의할 수 없다.
너는 알지 못한 채 맛보는 물건이다.
너는 생명에 필요한 것이 아니라 생명 그 자체이다.
너는 관능으로는 설명하지 못하는 쾌락을 우리 속 깊이 사무치게 한다.

생떽쥐뻬리 『인간의 대지』 중에서

빙하는 미끄러져 내려와 녹는다

대부분 물질의 녹는 온도는 압력이 높아지면 올라간다. 즉, 압력을 높일수록 더 높은 온도가 되어야 고체는 녹아서 액체가 된다. 그러나 물의 경우는 그 반대인데, 얼음에 높은 압력을 가할수록 얼음은 더 쉽게 녹아서 물이 되기 때문이다. 이렇게 이상한 얼음의 특성 때문에, 지질학적으로 빙하기 말기에 있다고 하는 오늘의 지구가 지금의 상태에 이르게 된 것으로 여겨지고 있다. 빙하기 초기에 지구를 덮었던 얼음이 서서히 녹아 바닷물과 육지가 만들어졌을 것이고, 지금도 북극과 남극의 얼음덩어리는 서서히 녹아내리고 있다. 급속한 공업화로 가속되는 지구온난화 때문에 빙하는 더 빠른 속도로 녹는다고 하는데, 그렇게 되면 해수면이 더 빠른 속도로 높아지고, 그 결과 지구에서 육지의 면적은 점점 더 줄어들 것이다.

그러나 햇빛을 받아서 또는 기온이 올라가서 빙하의 표면 온도가 높아지는 것만으로 빙하가 녹는 것은 아니다. 표면 온도의 상승으로 빙하가 녹는 것은 미미한 수준이며, 이렇게 빙하가 녹는 데는 매우 많은 시간이 걸린다. 왜냐하면 얼음은 단열성이 매우 좋아 외부의 따뜻한 열에너지가 쉽게 침투하지 못해 내부는 잘 녹지 않기 때문이다. 실제로는 빙하 전체가 경사면에서 미끄러져 내려와 따뜻한 저지대로 이동해서 녹는 경우가 더 많다.

빙하가 미끄러져 내려오는 이유도 얼음의 특이한 성질 때문이다. 빙하의 표면은 단단히 얼어 있지만, 무거운 빙하와 땅바닥 사이의 압력은 매우 크다. 그래서 뜻밖에도 빙하의 바닥면은 녹아 있다. 그렇게 해서 녹은 물이 윤활유 역할을 해서 빙하가 쉽게 미끄러지는 것이다. 이 같은 얼음의 이상한 특성이 없다면, 빙하는 거의 녹지 않았을 것이고 지표면 대부분이 아직도 얼음으로 덮여 있어 지금은 빙하시대 중기쯤에 해당할지도 모른다.

조금만 더 알려주세요! 💬 **얼음 자르기** 얼음덩어리를 가느다란 줄로 묶어 매달아두고 오래 기다리면, 줄은 얼음을 관통하여 지나가고 얼음덩어리는 얼마 후에 땅으로 떨어진다. 이때 흥미로운 것은 떨어진 얼음덩어리가 두 조각이 아니라 원래의 모양 그대로 한 덩어리라는 점이다. 이것은 줄의 압력으로 녹은 얼음 부위가 줄이 지나간 다음에는 다시 얼어붙기 때문에 생기는 현상이다. 얼음은 이러한 특성을 가진 유일한 물질이다.

물 덕분에 쾌적한 환경이 유지된다

지구 표면은 대부분 바다로 되어 있다. 즉 지구는 습기가 많은 행성이다. 지구에 물이 많다는 것은 생명체에 여러 가지로 중요한데, 그중 하나는 물 덕분에 우리가 거의 온도 변화가 없는 상태에서 살 수 있다는 점이다.

여름철 강렬하게 내리쪼이는 햇빛은 우리에게 견디기 힘든 더위를 가져다준다. 이때 습기라고는 거의 없는 사막 지역의 경우 더위를 견디기가 더 어려운데, 왜냐하면 습기가 많은 지역보다 기온이 훨씬 더 빨리 올라가기 때문이다. 사막이 아닌 우리나라 같은 곳에서도, 비가 자주 오지 않는 봄·가을에는 일교차가 심해진다. 그러나 습기가 많은 지역의 온도는 큰 변화가 없이 유지되는데 그것은 오로지 물 덕분인 것이다.

물은 여러 가지 방법으로 열을 저장하는데, 그 저장 능력은 놀라우리만큼 큰 편이다. 물은 열을 가해도 온도가 잘 올라가지 않으며, 물을 데워 수증기로 만들기는 훨씬 더 어렵다. 액체 상태인 물을 기체 상태인 수증기로 만드는 데는 상당히 많은 열량이 필요하기 때문이다. 우리 주위에 물이 많기 때문에, 태양이 내리쬐는 한낮이나 더운 여름철에도 기온이 쉽게 올라가지 않는다. 여름에 더울 때는 마당에 물을 뿌리기도 한다. 여기에는 물기가 없는 땅을 적시어 먼지가 덜 나도록 하는 효과도 있으나, 물이 증발할 때 열을 빼앗아 시원하게 만들기 위한 목적도 있다. 뜨거운 차나 물을 마실 때 입으로 불면서 마시면 빨리 식는데, 이것도 물이 기화하면서 온도가 내려가기 때문이다.

물이 수증기가 되는 데는 많은 열이 필요하다. 또 그렇게 만들어진 수증기는 뭉쳐 구름이 되는데, 그 구름은 햇빛을 차단해 지표면의 온도가 올라가는 것을 억제하게 된다. 그리고 그 구름이 비가 되어 내리면 그 빗물은 또다시 기화의 과정을 거치며 순환을 계속한다. 물은 이와 같이 여러 단계를 통하여 대낮의 뜨거운 열을 흡수할 뿐 아니라, 그런 순환을 통해 모든 생명체에 필요한 비도 가져다준다. 그 비는 나무나 풀과 같은 생명을 키우는데, 흥미롭게도 그런 식물들 때문에 지표면의 온도 변화 폭은 더 작아지게 된다. 식물이 광합성(햇빛을 이용해 탄소나 수소 같은 원소를 탄수화물 같은 화합물로 변환시키는 과정)을 통해 태양에너지를 또다시 흡수하기 때문이다.

물이 여름철에만 우리에게 도움이 되는 것은 아니다. 수증기가 될 때 많은 열을 흡수한다는 것은, 수증기가 액체 상태인 물이 될 때도 많은 열을 내어놓는다는 것을 뜻한다. 예를 들어 수증기가 나뭇잎에 맺혀 생긴 이슬방울은 밤을 지나면서 우리를 덜 춥게 해주기도 한다.

한편 겨울이 되면 물은 얼어서 얼음이 된다. 이때 물은 온도가 내려가면서도 많은 열을 내어놓지만, 얼음으로 변하는 과정에서는 더욱 많은 열을 내어놓아 주위의 온도가 급격히 떨어지는 것을 막아준다. 더운 여름날 마당에 물을 뿌리면 그 물은 기화하며 우리를 시원하게 해주고, 추운 겨울날 마당에 물을 뿌리면 그 물은 얼면서 우리를 따뜻하게 해주는 것이다.

우리는 여름에는 매우 덥다고 느끼고 겨울에는 매우 춥다고 느낀다. 그러나 절대온도로 온대 지방 지표면의 온도 변화를 나타내면, 대략 250~300K의 거의 일정하다고 볼 수 있는 좁은 범위에 불과하다! 우리가 이러한 쾌적한 조건에 살 수 있게 된 이유는 오로지 지구가 무척 많이 지니고 있는 물 덕분인 것이다.

조금만 더 알려주세요! **물의 비열** 대낮의 뜨거운 햇빛도 물을 그렇게 빨리 데우지는 못하는데, 우리는 그런 물질을 비열이 크다고 말한다. 비열이란 열을 가할 때 온도가 얼마나 잘 올라가는지 나타내는 양인데, 물의 비열은 1kcal/kg℃ 이다. 이것은 물 1kg을 1도 데우는 데 1kcal의 열량이 필요하다는 뜻이다. 이에 비해 다른 물질들의 비열은 대부분 물보다 작다. 예를 들면, 물 1kg을 1도 높이는 데는 1kcal, 즉 약 4200J의 에너지가 필요한 데 비해, 구리나 은 같은 물질의 경우 200J 내지 400J 정도, 알루미늄의 경우도 900J 정도만 필요하다. 따라서 흙이나 바위 등의 비열은 물에 비하면 훨씬 작음을 짐작할 수 있다.

여러 가지 물질의 비열(단위: J/kg℃)

물질	비열	물질	비열	물질	비열
납	128	알루미늄	900	수은	140
철	450	화강암	790	에탄올	2230
은	236	유리	840	바닷물	3900
구리	386	얼음(-10℃)	2220	물	4190

대기 중의 수증기는 하늘에 창문을 만든다

깨끗한 물속을 들여다보면 물속에 무엇이 있는지 다 볼 수 있다. 이 사실은 우리의 눈이 감지할 수 있는 파장의 빛에 해당되는 가시광선이 물을 잘 투과한다는 뜻과 같다. 우리는 물이 가시광선을 투과시키는 것을 당연한 사실로 받아들이지만, 물이 모든 빛을 다 잘 통과시키는 것은 아니다.

사실, 파장이 긴 라디오파 영역으로부터 파장이 짧은 감마선 영역까지 모든 파장의 빛 중에서 물속을 쉽게 지나는 빛은 흔치 않다. 빛 중에서 우리가 볼 수 있는 가시광선은 물속을 쉽게 지날 수 있지만, 가시광선 영역에서 아주 조금만 벗어나도 사정은 급격히 달라진다. 즉, 가시광선에 가까운 적외선이나 자외선 같은 빛들조차도 가시광선에 비해 물을 투과하는 것이 훨씬 더 어렵다.

　대기는 많은 습기를 지니고 있다. 높은 하늘에 날아가는 비행기를 우리가 볼 수 있는 이유는 습기가 많은 대기를 가시광선이 잘 투과할 수 있기 때문인 것이다. 대기 중의 습기 때문에 대기를 지나 지표면에 도달되는 태양빛은 거의 가시광선뿐이다. 즉, 우리가 살고 있는 지표면에 가시광선은 많지만, 우리 눈이 감지하지 못하는 빛인 적외선, 자외선 등은 그렇게 많지 않다.

　한편 건조한 초봄이나 늦가을에는 대기 중에 포함된 습기가 적어진다. 따라서 지표면의 자외선 양은 다른 때보다 더 많아지게 된다. 고산지대는 기온이 낮기 때문에 저지대보다 건조한 편이다. 더구나 고산지대에는 공기마저 희박하므로 자외선이 특히 많다고 볼 수 있다. 에베레스트산같이 높은 산을 오르는 사람들은 자외선을 잘 차단할 수 있는 안경을 쓰지 않으면 '설맹'이라 불리는, 며칠간 일시적으로 눈이 보이지 않는 현상을 경험하기도 한다. 희박하고 습기가 많지 않은 공기 때문에 이미 자외선이 많은데다가 흰 눈에 의해 그 자외선 빛들이 반사되기까지 하여, 자외선의 양이 너무 많아지고 결과적으로 과도한 자외선에 노출되어 일시적으로 시신성이 나비되기

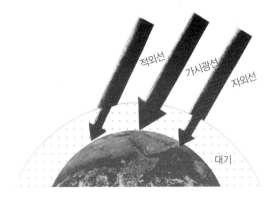

대기 중에 포함된 수증기 때문에 적외선이나 자외선은
극히 일부만 지표에 도달하지만, 가시광선은 대부분 도달할 수 있다.

때문이다.

물이 가진 특이한 전기적 특성으로 인해, 자연은 대기를 통과하는 햇빛 중의 극히 일부만을 통과시키는 놀라운 마술을 부린다. 그리하여 습기가 많은 대기층이 오직 눈에 보이는 빛만을 통과시키는 '광학적 창문'optical window 역할을 하도록 만드는 것이다!

지금까지 살펴본 여러 사실들을 돌이켜보면, 물이 우리 생활에 얼마나 다양하고 많은 역할을 해왔는지 감탄스러울 뿐이다. 그리고 우리가 아직 깨닫지 못한 다른 면으로도 물은 우리에게 매우 중요한 혜택을 주고 있다고 짐작된다. 물은 이렇게 신비롭기 그지없는 존재다.

최상의 선은 물과 같은 것이다(上善若水).
물은 만물에 이로움을 주면서 다투지 않고(水善利萬物而不爭)

여러 사람이 싫어하는 낮은 곳에 존재한다(處衆人之所惡).

그러므로 물은 도에 가깝다(故幾於道).

『도덕경』 중에서

조금만 더 알려주세요! 🗨️ **가시광선** 우리 눈은 400~700나노미터 사이의 파장을 가진 빛만 인식할 수 있는데, 그 빛을 가시광선이라 부른다. 1나노미터란 원자 하나의 크기 정도를 나타내는 길이로서, 10억분의 1미터이다. 0.1나노미터 1옹스트롱 정도의 파장을 가진 빛을 엑스선 X-ray이라 부르고, 수백미터 정도가 되면 라디오파라 부른다. 이런 넓은 영역에서 보면, 가시광선은 전체 빛 중 극히 일부일 뿐이다.

조금만 더 알려주세요! ❔ **오존층에 의한 자외선 차단** 우리 눈에 특히 강한 자극을 주는 자외선은 대기 중의 공기분자나 수증기 외에 오존 O_3 분자들에 의해서도 차단되는 것으로 알려져 있다. 오존이란 산소원자가 3개 뭉친 분자로서, 특히 자외선을 잘 흡수한다고 하는데, 지구 대기권 밖에는 오존이 특히 많은 오존층이 존재한다. 오존층이 만들어지는 이유는 명확지 않다. 그러나 인간이 유발하는 대기오염이 지구온난화현상과 더불어 오존층을 점점 파괴해서, 지표면의 자외선량은 점점 더 늘어가는 것으로 알려져 있다.

제3장
열,
만물이 운동한다는
증거

작은 세계에서 모든 것들은 매우 빠르게 끊임없이 운동한다

앞에서 지구가 온도 변화가 거의 없이 쾌적하도록 유지되는 가장 중요한 요인은 물이라고 설명했다. 물이 그런 역할을 할 수 있는 것은 물이 '열'이라는 것을 많이 받아먹을 수 있는 큰 그릇 같은 역할을 할 수 있기 때문이다.

인간은 '열'이라는 것의 정체가 무엇인지 모르고 오랫동안 살아왔다. 따라서 열을 이용해 일을 할 수 있다는 사실을 알아차리는 것도 쉬운 일이 아니었다. 주전자 속의 뜨거운 증기가 주전자 뚜껑을 들어올리는 것을 본다 해도, 사람들은 열과 일의 관계를 깨닫지 못했기 때문이다. 열로 일을 할 수 있다는 사실, 즉 열이 일을 할 수 있는 에너지의 한 종류임이 알려지자, 사람들은 열 외에 다른 여러 형태의 에너지에도 관심을 가지기 시작했다.

열을 이용해 일을 할 수 있는 길이 열리자, 열의 정체가 무엇인지에 대해 많은 관심이 모아졌다. 과연 열이란 무엇일까? 수백년 전까지는 자연세계에 일정한 양의 열이 있으며, 그것이 이곳에서 저곳으로 이동한다고 생각되었다. 그러나 문지르기만 해도 열이 발생하자, 열은 만들어지기도 한다는 것을 알게 되었고, 그로부터 열은 거시적 운동에너지가 없어지면서 생기는 양임을 깨닫게 되었다.

물체가 미끄러지며 지나간 곳에 있는 작은 분자들은 전보다 더 빠르게 진동운동을 한다고 할 수 있다. 즉, 분자들의 빠른 진동이 열로 느껴졌다고 생각할 수 있다. 이런 사실에서 열이란 분자들이 진동하는 에너지를 나타내는 척도임이 알려지게 되었다. 즉, 뜨거운 물체의 분자들은 아주 빠르게 진동하며 그런 경우 '온도'가 높다고 말한다. 이것을 물질의 상태에 적용해보자. 이때 고체나 액체는 분자들이 서로 묶여 있는 상태다. 온도가 높아지면 그 분자들은 더이상 서로에게 묶여 있지 않고 자유로워지는데, 이런 상태가 바로 기체 상태라는 것이다.

우리 눈에 보이는 자연세계는 사실 눈으로 보이지 않는 원자나 분자 단위의 작은 세계로 이루어져 있다. 우리가 작은 세계를 들여다볼 때 만나게 되는 원자나 분자들은 어떤 상태로 존재하는 것인가? 거시적 세계의 물체들처럼 제자리에 정지해 있을까 아니면 끊임없이 움직일까?

눈에 보이지 않는 작은 세계의 운동을 점점 삭은 크기의 세계로 다가가면서 유추해보기로 하자. 빈 병에 모래를 담으면 모래는 물론 모두 밑바닥에 깔리고 아무런 운동도 하지 않는다. 작은 흙먼지들을 넣으면 먼지들이 날아다니며 일시적으로 활발한 운동을 하는 것처럼 보이겠지만, 한동안 기다리면 역시 바닥에 깔려 있을 것이다. 그러나 입자가 아주 작아지면 상황이 달라지기 시작한다. 예를 들어 담배연기도 작은 입자인데, 병에 담배연기를 넣어두면 연기 입자들은 밑바닥에 가라앉지 않는다. 사실 우리가 하나하나의 담배연기 입자를 볼 수 있다면, 그 입자가 끊임없이 운동하는 것을 관찰할 수 있을 것이다. 공기분자 같은 입자는 물론 연기 입자보다 더 작다. 여기에서 우리는 작은 입자들이 끊임없이 운동한다는 사실을 짐작할 수 있다.

분자들이 멈추지 않고 계속 운동한다는 사실은 여러 가지 현상으로부터 유추할 수 있다. 만약 밀폐된 방 안에 있는 공기분자들이 어떤 물체에 충돌할 때마다 속도가 줄어들어 결국 날아다니는 운동을 멈추게 된다면, 모든 공기분자는 결국 방바닥에 깔리게 되어 우리는 숨을 쉴 수 없게 될 것이다. 또한 밀폐된 공간에 칸막이를 해두고 한쪽 공간만을 기체로 채운 후 칸막이를 치우면, 그 기체는 결국 공간 전체에 균일하게 퍼질 것임을 우리는 알고 있다. 또 기체를 담은 용기의 한 부분에 작은 구멍을 뚫어놓으면, 기체는 용케도 그 구멍을 찾아내어 빠져나간다. 또 한곳에서 만들어진 냄새가 얼마 후면 멀리까지 퍼진다는 사실도 그 냄새 입자들이 운동한다는 것을 보여준다. 이러한 사실들은, 미세한 기체분자들이 끊임없이 빠르게 날

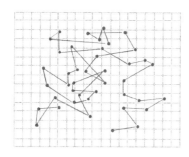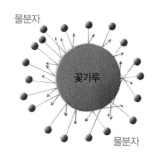

미세 입자의 브라운운동 경로(왼쪽), 꽃가루에 불규칙하게 부딪치는 물분자(오른쪽).

아다니고 있음을 암시한다. 즉, 가벼운 기체 입자들이 뚫린 구멍을 잘 찾아내는 것은 매우 부지런하게 끊임없이 돌아다니기 때문이다. 작은 입자들이 바닥에 떨어지지 않고 계속하여 날아다닐 수 있는 이 유를 쉽게 설명할 수는 없겠지만, 결과적으로 분자 단위의 세계에서 는 작은 입자들이 서로 충돌해도 그 평균 속도가 줄어들지 않기 때 문이라고 말할 수 있다.

사실 미시세계 운동의 그러한 특성은 기체에만 있는 것이 아 니다. 물 위에 뿌려진 꽃가루를 현미경으로 보면, 꽃가루는 가만있지 못하고 끊임없이 불규칙한 운동을 하는 것을 볼 수 있다(이 운동을 처음 발견한 식물학자의 이름을 따서, 브라운운동Brownian motion이라 한다). 이것은 물분자들도 가만있지 않고 운동을 한다는 사실을 보 여준다.

기체나 액체를 이루는 분자들과는 달리 고체를 이루는 입자 들도 운동을 한다는 것을 관찰하기는 어렵다. 그러나 용수철에 묶인 것처럼 서로에게 묶여 있는 고체를 이루는 분자들도 매우 활발히 진동운동한다는 간접적 증거는 많다. 고체가 액체 상태를 거치지 않고 바로 기체가 되어버리는 승화라 불리는 현상도 있는데, 이 과정에서 고체를 이루던 분자들은 진동운동이 활발해져서 자신에 연결된 용수철을 끊어버리고 날아간다고 볼 수 있다. 즉, 병 속에 든 모래나 먼지는 정지해 있지만 그것을 이루는 분자들은 서로에게 묶인 채로 활발한 진동운동을 하는 것이다.

생물체는 땀과 호흡으로 체온을 유지한다

동물들은 거의 일정한 체온을 유지하며 살아간다. 곰같이 동면하는 동물들의 체온도 동면 중에는 현저히 떨어지지만 그래도 어느정도 일정한 온도를 유지한다. 관심을 끄는 것은, 우리 몸이 어떤 방법으로 열을 만들어내며 또 어떤 방법으로 열을 잃으면서 거의 일정한 체온을 유지하는가 하는 점이다.

우리 몸의 열은 주로 음식물의 소화를 통해 만들어진다. 또한 열은 숨쉬는 과정에서도 만들어지며, 이렇게 만든 열을 바로 쓸 수 있는 형태로 저장했다가 근육의 운동 등을 통하여 다시 생성시키기도 한다. 예를 들어 산을 오르는 등 격렬한 운동을 하면 많은 열이 발생해 몸이 더워진다. 매우 추울 때 몸을 부르르 떠는 행위도 운동을 통해 열을 만들려는 본능적 행위라 볼 수 있다. 아무튼 운동을 하거나 잠을 잘 때도 우리 몸은 거의 일정한 체온을 유지할 정도의 열을 계속 만들어내고 또 발산한다.

인간을 포함한 생물체들이 체온 조절을 위해 자신이 만든 열을 방출하는 방법은 매우 흥미롭다. 유난히 더운 날이 아니면 기온은 대개 체온보다 낮다. 그러므로 상대적으로 높은 온도의 피부에서 열이 발산하게 되는데, 여기서 우리는 피부가 체온을 유지하는 중요한 통로임을 알 수 있다. 그러나 주위와의 온도 차이만으로 피부가 열을 잃는다면 우리는 체온 조절에 매우 큰 어려움을 겪을 것이다. 왜냐하면 증기탕 같은 곳에 들어가면 그곳의 온도는 체온보다 더 높을 수도 있기 때문이다.

증기탕 같은 더운 곳에 가게 되면 우리 몸은 땀을 내기 시작한다. 즉, 땀을 냄으로써 체온을 조절하는 것이다. 사실 매우 더운 곳이 아니더라도 우리 몸은 땀으로 많은 열을 방출한다. 우리가 모르는 동안에도 우리 피부는 끊임없이 습기를 내보내고 있는데 그 습기를 만드는 데 필요한 기화열의 크기가 매우 크기 때문이다.

땀을 흘리는 것 외에도 우리는 매우 중요한 체온 조절 수단을 가지고 있다. 그것은 뜻밖에도 숨을 쉬는 것이다. 숨을 쉬면서 어떻게 열을 잃게 되는 것일까? 숨을 쉬는 중요한 목적은 몸에 필요한 산소를 받아들이기 위해서지만, 숨을 내쉬면서 우리는 많은 습기도 동시에 내보내게 된다. 내쉬는 공기 속에 많은 습기가 있음은 겨울 찬공기 속에서 하얗게 보이는 입김에서 알 수 있다. 그 습기는 우리 몸의 수분이 기화된 것으로, 기화되는 과정에서 우리 몸은 많은 열을 잃게 되는 것이다.

또한 심한 운동을 하게 되면 우리는 가쁘게 숨을 쉰다. 그것은 물론 필요한 에너지를 빨리 만들기 위해 많은 산소를 공급하려는 목적도 있지만, 열을 빨리 방출해 체온을 유지하려는 목적도 함께 있는 것이다. 인간은 땀을 흘리고 숨쉬는 활동을 동시에 함으로써 쉽게 체온을 조절하지만, 개나 새 등 몇몇 동물들은 땀샘을 거의 가지고 있지 않아 숨쉬는 방법으로만 체온을 조절할 수밖에 없다고 알려져 있다. 우리가 음식을 안 먹고는 몇 주 살 수 있어도 물 없이는 며칠밖에 살지 못하는데, 그 이유 중 하나는 체온 조절을 위해 많은 양의 물을 항상 증발시켜야 하기 때문이다.

조금만 더 알려주세요! 💬 **인간의 체온** 인간의 체온은 하루 중에도 약간씩 달라지지만, 인종에 상관없이 거의 섭씨 36.5도 정도로 같다고 알려져 있다. 우리의 체온은 신체의 각 부분마다 다르다. 예를 들어 피부의 온도가 더 낮고, 입안과 항문의 온도도 약간의 차이를 보인다고 한다. 우리 몸에서 가장 높은 온도를 유지하는 곳은 뜨거운 피가 흐르는 심장이 아니라 간이라고 알려져 있다. 우리가 잘 알고 있듯이 우리 몸은 매우 작은 체온 변화에도 민감하게 반응하는데, 약 2%만 변해도 괴로움을 느낀다고 한다. 또 5% 정도 체온이 변하면 응급처치를 받아야 할 정도라 한다.

열은 어떤 방법으로 이동하는가

자연세계에서 온도는 위치에 따라 차이가 있으므로, 끊임없이 열의 이동이 이루어진다. 열이 이동하는 방법은 '전도' '대류' '복사'라는 세 가지 형태가 있다. 전도현상에서는 보통 물체를 이루는 분자들끼리 부딪치는 상호작용으로, 또는 물체끼리 직접 접촉한 상태에서의 분자간 상호작용으로 열이 전달된다.

반면에 금속은 자유로이 움직일 수 있는 전자를 가지고 있어서, 그 전자들이 직접 이동하며 열전도에도 기여한다. 그래서 금속은 모두 열전도가 잘되는 물질이다. 예를 들어, 추운 겨울날 사람들이 철제의자보다 나무의자에 앉고 싶어하는 이유는 철제의자의 온도가 낮아서라기보다 금속은 열전도율이 좋아 금속에 접촉하면 열을 급격히 빼앗기기 때문이다. 또한 더운 여름날 금속으로 만들어진 물체를 만지면 뜨거운 이유도 마찬가지다. 전기를 잘 통하는 금속일수록 그것에 비례하여 열도 잘 전달한다는 사실은 익히 알려진 것으로서, 은수저가 열을 잘 통하는 것에서 우리는 은이 전기도 잘 통할 것임을 실험을 하지 않고도 알 수 있는 것이다.

대류현상에서는 액체나 기체 상태에서 분자가 직접 이동하며 열을 전달하는데, 지구 대기나 바다에서의 열의 이동이 여기에 해당한다. 복사는 빛이라는 형태를 통해 에너지가 전달되는 것으로, 매우 독특한 형태의 에너지 전달 방법이다. 빛이 태양에서 진공에 가까운 우주 공간을 지나 지구에 도달하는 방법이 바로 복사라는 형태다.

전도나 대류 현상과는 달리 빛의 경우 매개체가 없는 빈 공간을 통해서도 이동할 수 있다는 사실을 인간이 깨달은 지는 얼마 되지 않는다. 그 사실을 깨닫기 전까지 사람들은 빛이라는 파동을 전파하는 매질인 '에테르'ether가 우주를 가득 채우고 있다고 생각했던 것이다. 그러나 에테르의 존재는 결국 아무도 확인하지 못했고, 아인슈타인은 에테르라는 것이 원래부터 없다는 사실이 곧 우리 우주의 중심이 없다는 사실과 일맥상통한다는 점을 깨달으면서 특수상대성이론을 생각해냈던 것이다.

금속이 아닌 대부분의 물질은 열전도가 잘 안되는 편인데, 공기가 가장 대표적이다. 그래서 우리는 겨울에 추위를 막기 위해 공기가 열을 잘 전하지 않는 독특한 성질을 흔히 이용한다. 예를 들어 옷을 몇 겹씩 겹쳐 입거나, 보온을 위해서 겹유리pair glass를 쓰기도 하는데, 그런 것들은 모두 공기의 좋은 단열성을 이용하는 예들이다. 공기의 열전도율은 유리의 1/40 정도밖에 되지 않으며, 이는 좋은 단열재인 스티로폼의 열전도율에 버금갈 정도로 작은 값이다. 따라서 공기의 층을 만들 수만 있다면 우리는 좋은 보온효과를 얻을 수 있다.

우리의 전통 가옥은 목조이고, 농가의 지붕은 볏짚으로 만든 초가지붕이었다. 나무의 경우, 단열효과가 매우 뛰어나서 벽돌이나 콘크리트의 열전도율의 1/10 정도밖에 되지 않는다. 따라서 목조주택은 화재의 위험이 더 크기는 하지만 단열의 측면에서는 매우 효율적인 주택 형태다. 또 초가지붕의 단열효과도 매우 좋은데, 그 이유는 볏짚이 속이 빈 대롱의 형태이기 때문이다. 마찬가지로 볏짚을 섞은 흙을 이용한 농가의 벽은 추운 겨울에 방 안을 따뜻하게 하는 데 큰 도움을 주었을 것이다.

공기가 열전도성이 낮다는 사실은 자연에서도 많이 이용되고 있다. 예컨대 오리나 거위같이 물속에서 지내는 동물들은 겨울의 차가운 물에서 견디기 위해 단열효과가 아주 좋은 깃털을 갖고 있다. 그 깃털이 단열효과가 좋은 이유는, 거기에 미세한 빈 공간이 수없이 많이 있기 때문이다. 그 공간은 공기주머니air pocket라 불리는데, 서로 분리된 공기주머니가 많을수록 보온효과는 더 커진다. 여우나 늑대 같은 동물의 털에도 마찬가지로 많은 빈 공간이 있는데, 북극에 사는 여우의 털은 온대 지방 여우의 털보다 더 많은 공기주머니를 가지도록 진화되었다고 한다.

작은 세계에서는 마음대로 움직이지도 못한다

온도가 분자들의 평균 에너지를 나타내는 양이라 하면, 열이라는 형태로 에너지를 가했을 때 물질의 온도는 올라가야 한다. 물질 1kg의 온도를 1도 높이는 데 필요한 열량을 비열이라 하는데, 1kg이 아닌 1몰(1몰이란 물질 분자의 개수가 '아보가드로의 수'일 때의 물질의 양을 뜻한다. '아보가드로의 수'란 1조의 1조배 정도 되는 수로서, 수소기체의 경우 2g 속에 수소분자가 아보가드로의 수만큼 있다)을

1도 높이는 데 필요한 열량인 '몰 비열'이 훨씬 더 흥미로운 단위다.

여러 기체의 몰 비열을 측정하면 매우 이상한 특징을 발견할 수 있는데, 그것은 미시적 세계의 운동이 우리에게 익숙한 거시적 세계와는 다르다는 점을 간접적으로 드러내는 것으로서 매우 흥미롭다. 헬륨이나 네온 같은 원자들은 다른 원자와 결합하지 않고 혼자 지내기를 좋아하는 불활성원소 원자들로서 단원자분자라 불린다. 흥미로운 것은 이런 기체의 몰 비열은 기체의 종류에 상관없이 언제나 $\frac{3}{2}R$로 일정하다는 것이다. 여기에서 R은 기체상수라 불리는 값으로서, 예를 들어 헬륨이나 네온, 아르곤 기체들은 1몰을 1도 높이는 데 약 12J의 열량이 필요하다.

또 산소나 질소 등과 같이 두개의 원자가 결합한 상태로 즐겨 존재하는 분자들을 이원자분자라 부르는데, 흥미롭게도 단원자분자와 마찬가지로 이원자분자 기체의 몰 비열도 기체의 종류에 상관없이 같다. 그러나 단원자분자들과 다르게 이 경우 몰 비열은 온도에 따라 달라지는데, 낮은 온도에서는 이들의 비열이 단원자분자 기체의 비열과 같지만 고온에서 비열은 놀랍게도 갑자기 $\frac{5}{2}R$, $\frac{7}{2}R$ 등으로 R만큼씩 증가하는 이상한 특징을 보인다. 이러한 불연속적인 변화를 '양자적'quantum 변화라 하는데, 나중에 다루겠지만 미시적 세계에서는 언제나 이런 특성이 나타난다.

기체 비열의 이런 이상한 특징은 미시적 세계의 양자적 특징이 거시적 세계에 그대로 드러나는 몇 안되는 예인데, 이런 사실에서 알게 되는 미시세계의 운동은 우리가 상상하거나 설명하기 어려운 것들이다. 온도를 올리는 데 이원자분자에 가해야 하는 열에너지가 낮은 온도에서는 단원자분자와 똑같다. 그러나 고온에서는 똑같은 크기만큼 온도를 올리는 데 이원자분자에 주어야 하는 열에너지는 갑자기 더 많이 필요해지는 것이다.

이런 이상한 현상을 이해하려면, 우리는 먼저 온도라는 것이 무엇을 뜻하는지 다시 돌아보아야 한다. 우리가 뜨겁고 차다고 하는 온도의 범위는 우리 감각이 허용하는 좁은 범위 내에 있지만, 그 온도란 무엇을 뜻하는 것일까? 온도는 매우 다양한 방법으로 정의되는데, 기체의 경우에는 날아다니는 기체분자들이 가지는 평균 운동에너지가 바로 온도의 척도가 된다. 그러므로 열을 가해도 기체의 온도가 올라가지 않는 것은, 그 열에너지가 분자의 속도를 빠르게 하는 데 쓰이지 않고 있다는 뜻이다. 그렇다면 그 열에너지는 어디로 갔다는 말인가?

이제 우리는 분자가 날아다니는 운동 말고 다른 운동도 할 수 있는지 생각해보아야 한다. 단원자분자는 하나의 원자이므로 공처럼 생겼지만, 이원자분자는 아령 같은 모양이라 생각하면 될 것이다. 그렇다면 그 열에너지는 분자를 회전시키는 데도 쓰인다고 생각할 수 있다. 이런 생각은, 낮은 온도에서는 이원자분자들이 느린 회전운동조차도 못한다고 가정하고 있다. 어떤 온도에서는 분자들이 스스로 회전하는 운동도 못할 것이라는 가정을 우리는 받아들일 수 있을까?

하지만 온도가 더욱 높아지면서 이원자분사 세의 몰 비열이

다시 한번 양자적 점프를 한다는 사실은 회전운동 말고 또다른 운동 형태로도 에너지가 사용될 수 있음을 의미한다. 그 운동을 아령처럼 묶인 두 원자의 진동운동으로 생각할 수 있을까? 두 원자들은 용수철로 묶인 상태로 볼 수 있는데, 특정 온도 이상이 되어야 원자들이 진동운동을 시작할 수 있다는 생각을 우리는 받아들일 수 있을까?

아령처럼 생겼다고 상상되는 이원자분자가 어떤 형태로 운동을 할 수 있는지, 또 그런 운동을 하는 데 어떤 제약이 가해질 수 있는지는 모두 우리의 상상에 의존할 수밖에 없는 미시적 세계의 문제들이다. 미시적 세계의 모습은 이와 같이 이해할 수 없는 이상한 것이다. 온도에 따라 달라질 수도 있지만 기체의 몰 비열이 기체의 종류에 상관없이 일정한 것과 마찬가지로, 고체의 몰 비열도 적당한 온도 이상에서는 물질의 종류에 상관없이 언제나 일정한 $3R$의 값이 되는데, 이것은 금이건 은이건 1몰의 양을 1도 높이는 데 25J[6cal] 정도가 필요함을 뜻한다. 그러나 이원자분자 기체에서와 마찬가지로 고체의 비열도 온도에 따라 달라지는데, 그 특징은 온도가 낮아지면 결국 어떤 고체이건 그 몰 비열이 0에 다가간다는 점이다. 이런 현상은 특히 실리콘이나 다이아몬드 같은 물질에서 두드러지는데, 다른 물질의 경우와 비교한다면 이들 물질의 비열은 실온에서도 다른 고체의 몰 비열 $3R$보다 훨씬 작다. 고온에서의 비열값이 분자들의 진동운동에 의해 결정된다고 본다면, 이것은 저온에서는 진동운동이 억제됨을 의미한다. 다이아몬드에서 탄소분자끼리의 결합이 아주 단단한 용수철로 되어 있다는 사실은 잘 알려져 있다. 또 탄소원자는 매우 가벼워 다이아몬드 속의 탄소원자들은 매우 큰 고유진동수를 가진다. 이원자분자에서 본 것처럼 공급되는 에너지를 분자들이 진동에너지로 받아들일 수 있으면, 즉 진동할 수 있는 상태가 되면, 비열은 커진다. 그렇다면 낮은 온도에서는 고체를 이루는 분자들이 진동운동도 마음대로 못한다는 것인가? 그런 가정을 한다면, 또 기본 진동을 하려면 고유진동수 크기에 비례하는 에너지가 필요하다고 가정한다면, 다이아몬드 같은 물질의 비열이 왜 그런지는 설명이 된다. 그러나 우리는 이런 생각을 받아들일 수 있겠는가?

자연세계는 뒤죽박죽되고 싶어한다

중국의 고사에 강태공이라는 유명한 재상이 있다. 그가 재상이 되기 전 낚시로 세월을 보낼 때 가난한 생활에 지쳐 그를 버리고 떠난 부인이 있었다. 그가 재상이 된 후 행차를 하던 중 그 부인이 옛 남편을 알아보고 달려 나와 다시 거두어주길 호소하자, 그는 바가지의 물을 쏟게 한 다음 다시 담으라고 했다. 물론 부인은 그렇게 할 수가 없었고, 강태공은 그들 부부의 관계를 그렇게 비유하고는 무정하게도 옛 부인을 돌려보냈다고 한다.

쏟아진 물을 다시 담는다는 것은 가능한가? 물론 불가능하다. 비슷한 경우로, 방 안에 골고루 퍼져 있는 공기가 내가 없는 반대쪽으로만 몰려가서 내가 질식해 죽는 일은 가능한가? 이것도 물론 불가능하다. 그러나 정말 그렇게 단정할 수 있는가? 문제는 우리의 과학으로는 이런 일들이 일어나지 않는 이유를 설명하기 어렵다는 데 있다.

우리가 알기로 물리현상을 기술하는 근본적인 공식들은 시간 대칭성이 있다. 시간 대칭성이란, 그 법칙들이 시간에 상관없이 항상 성립한다는 것을 뜻하기도 하고, 또 시간적으로 거꾸로 가는 방향의 현상도 가능하다는 뜻이다. 예컨대, 갇힌 공간 내에서 기체분자들이 운동하는 모습을 상상해보자. 기체분자들끼리 서로 무질서하게 충돌하며 운동하는 모습을 영화로 찍고 그 필름을 거꾸로 돌린다면, 거꾸로 돌릴 때의 모습과 바로 돌릴 때의 모습을 구별하는 것은 불가능하다. 즉, 어떤 상태의 운동이 거꾸로 일어나고 있다고 해도 물리법칙에 어긋나지 않는다는 뜻이다.

그러나 칸막이로 분리되어 있는 공간의 한쪽에만 기체가 몰려 있는 경우를 생각해보자. 이 경우 칸막이를 없애면, 기체는 확산되어 결국에는 공간 전체에 골고루 퍼질 것이다. 그리고 이 과정을 영화로 찍어두었을 때 그 필름을 거꾸로 돌리면 누구나 그 필름이 거꾸로 돌아가고 있음을 안다. 방 안에 골고루 퍼져 있던 기체들이 스스로 방의 한편으로 몰리는 것은 불가능하기 때문이다.

자연세계의 특징은 개체들이 언제나 더 많은 자유를 가지려는, 또는 제멋대로 되려는 방향으로 모든 변화가 일어난다는 점이다. 예를 들어 방문을 열어두면 밀폐된 방에 갇혀 있던 냄새가 방 밖으로 퍼져나간다. 냄새분자가 더 많은 자유를 찾아 더 넓은 세계로 퍼

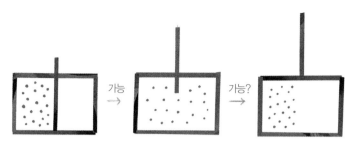

방 전체로 퍼진 기체분자들이 스스로 방 한쪽으로 다시 몰리는 것은
'불가능하지는 않지만', 사실상 일어나지 않는다.

져나간 것이다. 이와 같이 분자가 존재할 수 있는 공간이 더 넓어져
분자가 어디에 있는지 알기가 더 어려워지는 경우를 두고 과학에서
는 '엔트로피'entropy가 증가했다고 한다.

엔트로피는 개체의 에너지가 늘어나도 증가한다. 예를 들어
어떤 아이가 돈이 없어 차비를 낼 수 없다면 그 아이는 걸어서 다닐
수밖에 없을 것이다. 그러면 그 아이는 멀리 갈 수 없어 찾기가 그리
어렵지 않다. 그러나 아이에게 더 많은 돈을 줄수록 그 아이는 더 멀
리까지 여행할 수 있으므로 아이를 찾기는 더 어려워진다. 이때 돈
을 에너지라고 생각한다면, 돈을 많이 가질수록 아이의 엔트로피는
늘어나는 것이다.

외부로부터 고립된 세계에서는 그 계의 총에너지가 일정할
수도 있다. 그래도 그 계에서 일어나는 모든 변화는 엔트로피가 늘
어나게끔 일어난다. 예를 들어 방의 한구석에 생긴 연기는 결국은
방 안에 골고루 퍼질 때까지 계속 퍼져나간다. 그리고 골고루 퍼진
그 상태는 엔트로피가 더이상 증가하지 않는 엔트토피의 최대 상태

로서, 거시적으로 보기에는 더이상 어떤 변화도 없는 '죽은 세계'가 된다.

고립계의 모든 변화는 총엔트로피가 증가하는 방향으로만 일어난다는 경험적 사실을 과학에서는 '열역학 제2법칙'이라 부르는데, 이 법칙은 우리가 경험적으로 알 수 있고 수긍할 수 있는 법칙이지만, '증명'할 수는 없는 이상한 법칙이다. 이것은 통계적인 법칙으로서 입자 수가 충분히 많을수록 더 잘 성립하고, 입자 수가 적어지면 성립하지 않을 수도 있기 때문에 '증명'할 수가 없는 것이다.

엔트로피는 계가 가진 질서의 척도로도 표현된다. 즉, 잘 정돈된 상태에서는 엔트로피가 작고 흐트러진 상태에서는 크다. 잘 정돈한 집 안도 며칠 후면 다시 뒤죽박죽되기 마련인 것처럼, 우리 세계는 그대로 내버려두면 정돈된 상태에서 흐트러진 상태로 변화한다. 예를 들어 견고하게 지어진 건물이라도 언젠가는 무너질 수밖에 없고, 그렇게 되면 엔트로피는 증가했다고 할 수 있다. 그렇다면 집을 짓는 과정은 어떤가? 그 경우는 물론 엔트로피가 줄어든다. 그러나 집을 짓기 위해 목수는 여러 가지 일을 하는데, 그 과정에서 생기는 엔트로피의 증가량이 집을 다 지은 상태에서 감소하는 엔트로피 양보다는 더 크게 된다.

생명체는 신비로운 존재다. 생명체도 무생물과 같이 자연의 원소들로 이루어지는데, 아무 질서 없는 원자들이 잘 조합되어 질서를 가진 분자들이 만들어지고, 생명체는 그런 분자들로 이루어진 것이다. 생명체를 유지하려면 질서 있는 분자를 만드는 그런 과정을 계속해야 하는데, 적혈구나 단백질같이 잘 만들어진 분자들은 만들어지기 전보다 엔트로피가 작아진 상태지만, 그것들을 만들기 위해 주위 환경이 하는 일까지 고려한 전체 과정에서 보면 엔트로피가 늘어나는 과정이다. 그렇다 하더라도 부분적으로나마 엔트로피가 줄어드는, 즉 생명이 만들어지고 유지되는 과정은 스스로 일어나는 정상적인 과정이라고 할 수 없다.

모든 동물은 먹이를 먹어야 생명을 유지한다. 그리고 그 먹이는 엔트로피가 줄어든 상태의 잘 정돈된 분자구조를 가진다. 동물은 자신의 엔트로피를 작은 상태로 유지하는 생명 유지 과정에서 다른 유기물 분자를 필요로 하는데, 그 분자들은 대개 식물이 광합성으로 만든 것이다. 식물은 햇빛과 공기와 물을 주원료로 하고 약간의 다른 원소들을 이용하여 잘 정돈된 분자들을 만드는데, 그 과정도 물론 비정상적이다. 식물도 생명체이기 때문에 단백질분자같이 엔트로피가 줄어든 부산물을 만들 수 있는 것이다. 그러나 인간을 포함해 모든 생명체가 질서를 이루어가는 과정에서도 어김없는 사실은, 그 과정에서 일어나는 모든 변화까지 포함하면 결국 전체의 엔트로피는 증가한 결과가 된다는 것이다.

생명이 없던 우주에서 생명이 처음 생겨난다는 것은 확률적으로 기적에 가까운 일이다. 그러나 흥미로운 것은, 그것이 매우 비정상적이긴 해도 일어날 가능성 또한 존재한다는 점이다.

조금만 더 알려주세요! 💬? **기적은 가능한가** 고립계의 총엔트로피가 감소하는 것이 불가능한 일은 아니다. 단순한 예로, 방의 왼쪽 부분에 단지 10개의 분자만 있다고 가정해보자. 이 분자들은 제멋대로 운동하게 되며, 분자의 평균 분포는 왼쪽과 오른쪽에 각각 5개씩일 것이다. 그러나 오랫동안 지켜보면 언젠가는 10개 분자 모두가 다시 왼쪽 부분에만 있는 순간도 있을 것이다. 수학적으로 계산한다면, 그런 순간은 평균 $1024^{2^{10}}$번 관측할 때마다 한번 나타난다. 즉, 엔트로피는 감소할 수도 있는 양이다.

그러나 우리가 다루는 현실계의 분자 수는 '아보가드로'의 수약 6×10^{23}개라는 엄청난 수이며, 따라서 방 전체의 분자가 한쪽으로 몰릴 가능성은 사실상 없다고 할 수 있다. 그러나 흥미로운 것은, 그 확률이 0은 아니라는 사실이다. 깨진 물컵이 다시 원래의 상태로 돌아오기를 기대하는 것은 어리석은 일이다. 그러나 그것이 전혀 불가능하다고 할 수만은 없다. 만약 그런 일이 벌어진다면 그것은 기적이라고 해야만 할 것이다. 그리고 이런 기적은 자연법칙에 어긋나지 않는 것이다!

제4장

에너지,
우주를 움직이는
원동력

에너지는 모든 운동의 근원이다

열은 여러 형태를 취할 수 있는 에너지의 한 형태일 뿐이다. 과학에서는 '일'을 할 수 있도록 하는 양을 에너지라고 부른다. 에너지는 하나의 형태에서 다른 형태로 자유자재로 변화되는데, 예를 들어 에너지의 한 형태인 빛은 열로 쉽게 바뀐다.

자연세계에서 무엇이 움직인다는 것은 힘이 가해져 이동한다는 것을 뜻하는데, 과학에서는 이런 경우 '일'을 한다고 한다. 우리 하루의 생활을 돌아보면 끊임없이 걷고 달리는 등 움직이는 활동의 연속이라 볼 수 있다. 가만히 앉아 있는 동안에도 우리는 허파로 숨을 쉬며 심장은 박동을 멈추지 않는다. 과학의 입장에서 말하면, 우리 몸은 살아 있는 동안에는 잠잘 때나 걸을 때나 상관없이 끊임없이 '일'을 하는 것이다. 우리 몸이 일을 할 수 있는 것은 음식물을 먹기 때문에 가능하다. 음식물은 태양빛을 이용해 만들어진 것들이다. 따라서 우리가 활동할 수 있는 근본적 원인은 태양으로부터 왔음을 알 수 있다.

모든 생명체는 어떤 형태로든 에너지를 공급받아야만 생명을 유지할 수 있다. 생명체 에너지의 근원인 음식물을 얻기 위해 인간은 끊임없이 노력해왔다. 사실 원시시대부터 지난 100여년 전까지 인간의 모든 생활은 동물과 마찬가지로 그날그날의 음식물을 얻기 위한 활동으로 이루어져왔다고 해도 좋을 것이다. 문명이 발전함에 따라 음식물을 얻어야만 하는 의무에서 벗어난 극히 일부의 사람들이 생겨났는데, 그들만이 예술이나 과학 또는 철학 같은 것을 생각할 여유를 가질 수 있게 되었던 것이다.

하지만 과학이 발전함에 따라 인류의 생활 방식에 획기적 변화를 가져온 중요한 사건들이 일어나기 시작했는데, 그중에서도 증기기관의 발명은 혁명적 사건이라 할 만했다. 증기기관은 열기관의 일종으로서, '열'을 '일'로 바꿀 수 있는 장치이다(열기관은 보통 기체의 팽창과 압축을 통하여 작동하는데, 증기기관은 수백도에 이르는 수증기를 이용한다). 열기관이 만들어지기 전까지 인간은 인간이나 동물의 근육에서 나오는 힘을 이용하여 생활했다. 농사를 짓기 위해 밭이나 논을 가는 데는 소나 사람의 근육에서 나오는 힘이 필요했으며, 수레를 끄는 일과 같이 물건을 수송하는 데도 마찬가지였다. 그러나 열기관이 발명됨으로써 인류는 소나 말 또는 인간의 노동력을 대치할 수 있는 새로운 돌파구를 발견했던 것이다.

열기관은 석탄이나 석유 같은 천연 에너지자원을 이용했으며, 열기관의 발명으로 인해 노동력이 많은 국가가 아니라 에너지를 많이 가진 국가가 강한 국가가 되었다. 증기기관은 영국에서 처음 발명되었는데, 그 기술은 곧 유럽 여러 나라들로 전파되었고, 그들은 석유와 같은 에너지자원의 확보가 중요함을 깨달았다. 서구국가들이 석유자원이 많은 중동 지역 국가들에 현재까지도 계속 관심을 보이고 간섭하는 것은, 우리가 아직도 증기기관의 시대에 살고 있음을 뜻한다고 할 수 있다. 증기기관이 발명된 후 경작하기도 쉬워져 식량의 생산량도 늘어나고, 대규모 운송수단도 생겨 인류의 생활은 전혀 다른 국면을 맞게 되었다. 증기기관을 이용한 영국의 빠른 배들은 돛이나 노에 의존한 배들과의 전투에서 언제나 승리했으며, 영국은 증기기관의 힘으로 사실상 전세계를 지배할 능력을 가지게 되었던 것이다.

우리가 사용하는 여러 형태의 에너지가 어디에서 왔는지 생각해보면, 그 궁극적 근원은 언제나 태양임을 깨달을 수 있다. 석탄이나 석유도 오래전부터 매우 오랜 기간 태양이 키워낸 나무들에 그 근원이 있는 것이다. 그러니 고대인들이 태양을 숭배했던 것은 지극히 당연하지 않은가!

조금만 더 알려주세요! 💬 **에너지는 속도에 따라 어떻게 변하는가** 에너지는 물체를 운동시킬 수 있는 원천이지만, 운동하는 물체도 다른 물체와 부딪치면 또다시 그 물체를 운동시킬 수 있으므로 운동하는 물체도 에너지를 갖는다. 따라서 달리는 자동차도 에너지를 가지는데, 그 에너지의 크기는 속도의 제곱에 비례한다.

우리의 경험은 대부분 감각적이고 피상적이다. 예를 들어, 달리는 자동차의 속도가 두배로 빨라진다면, 그 자동차를 갑자기 멈추려 할 때 필요한 정지거리는 얼마인가라는 문제를 생각해보자. 상식적으로 보기에 정지거리도 두배가 될 것 같다. 그러나 실제로 정지거리는 네배가 된다.

이는 두배 빨라진 자동차의 에너지가 네배로 늘어나기 때문이다. 자동차가 가진 운동에너지를 없애 정지시키려면 브레이크를 밟아 힘을 가함으로써 일을 해야 한다. 이때 자동차가 일정한 마찰력으로 멈춘다고 하면, 에너지가 네배로 늘어난 경우 그 일을 하기 위해 필요한 거리는 네배로 늘어나기 때문이다.

제한속도를 시속 100킬로미터로 정한 고속도로에서는 앞차와의 간격을 100미터 이상 유지하라고 권고한다. 이를 바탕으로 시속 110킬로미터를 제한속도로 한 도로에서의 안전거리를 110미터로 하는 것은 과학적으로 옳지 않다. 그 안전거리는 120미터 정도가 되어야 옳은 것이다. 또한 시속 90킬로미터 제한속도 도로에서는 90미터가 아닌 80미터 정도만 되어도 충분하게 된다.

자동차가 빠르게 달리면 연료는 그에 비례하여 더 많이 소모된다. 단순하게 생각하면 같은 거리를 빠르게 가거나 느리게 가거나 상관없이 연료 소모량은 같다고 생각할 수도 있다. 그러나 자동차가 받는 마찰력은 속도가 빠를수록 더 커진다. 그러므로 자동차가 어떤 거리를 이동할 때 엔진이 하는 일의 양인 '힘×이동거리'도 속도가 커질수록 커지는 것이다. 이때 일의 크기는 바로 필요한 에너지양에 해당한다.

달리는 자동차에 작용하는 마찰력 세기는 대략 그 속도에 비례한다. 따라서 자동차 속도가 두배가 되면 마찰력도 두배가 되고 자동차 추진력도 두배로 커져야만 한다. 일정한 속도로 운동하는 자동차의 추진력은 마찰력과 평형을 이루기 때문이다. 두배 빠르게 달리는 경우 작용하는 힘인 추진력은 두배 더 필요하므로, 같은 거리를 가는 동안 연료 소모량은 대략 두배가 된다고 볼 수 있다.

예를 들어 어떤 거리를 시속 110킬로미터로 달리는 경우 연료 소모량은 시속 100킬로미터로 달리는 경우보다 약 10% 더 든다고 보아도 좋다. 그래서 고속전철이나 초음속전투기들의 연료 소모량은 매우 크다. 빠르게 달리는 것은 에너지의 낭비일뿐더러 위험성 면에서도 상식적으로 판단하는 것보다 훨씬 더 위험하다.

진동운동에서도 에너지는 진폭에 비례하지 않고 그 제곱에 비례한다. 예를 들어, 바다에서 파도의 파고가 1미터인 때와 파고가 3미터인 때를 비교해보면, 파도의 파괴력의 척도인 파도에너지는 후자가 9배나 되는 것이다. 자연은 우리가 상식적으로 생각하는 것보다 훨씬 더 큰 위험을 우리에게 줄 수도 있는 것이다.

우리가 쓰는 에너지는 어디로부터 오는가

우주에서의 모든 변화는 에너지를 통해 이루어진다. 에너지가 우주를 움직이는 원동력인 것이다. 지구에서의 모든 활동은 태양에너지가 있어 가능하다. 태양은 어떤 방법으로 긴 세월 동안 그 많은 에너지를 우리에게 공급해줄 수 있었을까? 이 의문은 아인슈타인의 상대성이론이 나오기 전까지는 해결할 수 없는 것이었다. 상대성이론을 통해 모든 물질이 가지는 고유한 양인 '질량'이라는 것이 에너지의 한 형태이며, 태양은 핵융합반응을 통하여 자신의 질량에너지를 빛에너지로 바꾸어왔던 것임을 알게 되었던 것이다.

수소원자들이 서로 뭉쳐 태양 같은 별이 생성된다.

지구상의 에너지는 대부분 태양에서 온 것이지만, 그렇지 않은 것도 있다. 예를 들어 뜨거운 온천물의 열에너지는 태양에서 온 것이 아니다. 그 열은 지구가 매우 뜨거웠던 과거부터 지구가 지녔던 열일 수도 있겠지만, 지구를 덮은 얇은 껍질층^{지각}에 많이 있는 방사능물질들이 붕괴할 때 나오는 열이라 보여진다. 우리 인간은 이미 핵분열반응을 이용해 원자력발전을 하여 태양이 아닌 에너지원을 개발해 쓰고 있으며, 핵폐기물이 거의 없는 핵융합을 이용한 발전을 위해 노력하고 있다.

그렇다면 태양은 어떻게 만들어졌을까? 과학자들이 생각하는 시나리오는 다음과 같다. 태초에 우주를 가득 채웠던 수소원자들은 중력 때문에 서로 뭉치기 시작하여 점점 더 커다란 덩어리가 되어갔다. 그 덩어리가 너무 커져 태양 정도의 크기가 되면, 내부의 압력이 너무 커지게 된다. 이 경우 압축과정에서 온도가 올라가게 되는데, 그 온도는 수백만도에 이를 수도 있다. 그렇게 되면, 수소원자의 핵이 뭉쳐 헬륨의 핵으로 변하는 핵융합반응이 시작될 수 있다. 그 반응에서는 질량의 일부가 사라지는데, 그 결과 많은 에너지가 방출되게 되며, 그 에너지 때문에 계속해서 연쇄반응이 일어나 덩어리 전체가 핵융합을 하는 상태가 된 것이 태양 같은 별들이라는 것이다. 우리 우주는 스스로의 질량을 태우는 태양 같은 별들을 만들어 빛을 내뿜게 함으로서 우주의 모든 변화를 가능하게 하는 에너지를 공급해왔던 것이다.

조금만 더 알려주세요! 〔?〕 **핵융합반응과 핵분열반응**   핵융합반응이란 두개의 핵이 한 덩어리가 될 때 질량이 줄어들면서 그 차이만큼의 질량을 빛이나 열 같은 에너지로 방출하는 반응이다. 예를 들어 두개의 수소원자 핵을 가까이 가져가면 그 핵인 양성자들은 서로 가까이 오지 못하도록 있는 힘을 다해 밀어내다가, 어느 한계를 넘으면 결국은 뭉쳐 헬륨이라는 새로운 물질의 핵으로 변환된다. 헬륨의 무게는 두개의 양성자 무게를 합한 것보다 작으므로, 이 과정에서는 우리 세계에 존재하던 질량 일부가 사라져버린다.
무거운 핵을 가진 우라늄이나 플루토늄에서는 그 반대의 일이 벌어진다. 우라늄의 핵은 너무 커서 불안정해, 중성자가 핵과 부딪치는 등의 사소한 자극만으로도 스스로 갈라져 두개의 작은 핵이 되려는 경향을 띤다. 이런 물질을 방사성원소라 한다. 이때 만들어진 두 핵의 무게를 합한 양은 우라늄 핵의 무게보다 작다. 핵융합반응에서와 같이 그 과정에서도 질량의 일부가 없어지는 것이다. 그 질량의 차이에 해당하는 에너지가 빛이나 열 등으로 변환된다. 이런 현상을 핵분열반응이라 하며, 원자폭탄의 원리가 된다. 한편 핵융합반응은 수소폭탄의 원리가 된다.

제5장

빛, 가장 흔하며 가장 신비로운 현상

햇빛은 왜 따뜻한가

하느님께서 말씀하시기를 "빛이 생겨라" 하시자 빛이 생겼다.

구약성경 창세기 1장 중에서

빛은 우리에게 가장 친근한 에너지 형태다. 지구 생명체의 어머니인 태양은 언제나 변함없이 우리에게 빛을 보내주기 때문이다. 햇빛은 생명체에 에너지를 공급해주기도 하지만, 우리를 따뜻하게 해주기도 한다. 유전인자 분자인 DNA의 이중나선 구조를 처음 알아낸 노벨상 수상자 왓슨Watson은 '사람이 햇빛을 받으면 행복감을 느끼는 물질이 몸속에 만들어진다'는 이론을 내놓기까지 했다. 아무튼 우리 대부분이 햇빛을 받으면 즐거워하는 것은 사실이다.

여름철에 햇빛은 고통스럽기도 하지만, 겨울철 햇빛을 받을 때 그 따스함은 이 세상 무엇과도 바꿀 수 없는 가치로 여겨질 때도 있을 것이다. 옛날 한 정복지에서 있었던 현인 디오게네스와 알렉산더대왕의 만남은 유명한 얘기다. 알렉산더는 현인이라는 디오게네스를 만나고자 초청했으나, 그는 그 초청을 거절했던 것으로 보인다. 알렉산더는 자신이 직접 디오게네스를 찾아 나섰는데, 양지바른 길거리 담 밑에서 만난 디오게네스는 마침 옷을 벗어 이를 잡고 있었다. 알렉산더는 그 유명하다는 현자의 초라한 몰골을 보고 어떤 생각을 했을까? 알렉산더는 자신의 권력을 보여주고 싶어 디오게네스에게 원하는 것이 있는지 묻는다. 그때 디오게네스가 알렉산더를 올려다보며 한 말은 "비켜 서주시오. 당신 때문에 햇빛이 가려지고 있소"라는 것이었다. 물론 이 얘기가 햇빛이 세상 무엇보다 가치 있다는 것을 뜻하는 것은 아니지만, 그때 디오게네스에게 햇빛이 행복한 시간을 주었던 것은 확실하리라.

햇빛은 우리 몸을 따뜻하게 해준다. 그렇다면 왜 햇빛을 받으면 따뜻해지는 것일까? 물론 햇빛이 에너지를 가지고 있기 때문일 것이다. 그러나 에너지를 받는다고 우리 몸이 언제나 따뜻한 느낌을 받는 것은 아니다. 예를 들어, 형광등 불빛이나 자외선도 에너지를 가지지만 그런 빛을 쪼인다고 따뜻해지지는 않는다. 엑스선이나 감마선은 매우 강력한 에너지를 가진 빛이지만, 그런 빛을 쪼이면 따뜻해지기는커녕 암에 걸리거나 세포가 죽어버리는 등 우리 몸은 망가져버린다.

햇빛이 따스하게 느껴지는 것은 그 빛에 섞여 있는 적외선 때문이다. 적외선은 전자파의 일종으로서, 우리는 빛을 통해 태초부터 매일매일 전기를 접하고 살아온 셈이다. 인류의 조상 중 누가 따뜻한 햇빛을 받으며 그것이 전기현상이라고 상상할 수 있었겠는가?

조금만 더 알려주세요! (···) **원적외선이 따뜻한 이유**   적외선은 어떻게 우리 몸을 따뜻하게 해주는 것일까? 이 의문에 대해 생각해보기 전에 먼저 우리를 따뜻하게 해주는 것이 빛 말고 무엇이 있는가부터 생각해보자. 따뜻한 목욕탕 물속이나 증기탕 속에 들어가 있으면 우리 몸은 곧 따뜻해진다. 이때 그 물이나 증기는 어떻게 우리를 따뜻하게 해주는 것일까? 수건으로 몸을 문지르거나 손을 마주 비벼도 우리는 따뜻함을 느낀다. 이 경우는 마찰로 인해 열이 생긴다고 말한다. 이때 열로 인해 따뜻함을 느끼는 것은, 미시적으로 본다면 피부 세포들의 운동이 활발해짐을 의미한다. 더운 물이나 증기로 인한 따뜻함도 마찬가지로 그것들이 피부 세포를 따뜻하게 해주기 때문이다. 이때 물분자나 증기분자들은 피부 세포와 직접 부딪치며 운동에너지를 전달해준다. 그 때문에 피부 세포들은 활발히 운동하게 되어 따뜻함을 느끼게 만드는 것이다.

적외선과 같은 전자파는 전기장이 계속하여 변화하며 진행하는 현상이다. 전기장이 전기를 띤 입자를 만나면 전기력이 작용한다. 모든 물질은 전기를 띤 입자로 이루어져 있으므로, 어떤 물체가 빛을 받으면 그 입자들이 빛의 전기장에 의해 흔들리게 된다. 그렇게 하여 눈에 보이지 않는 우리 몸의 세포 분자들은 활발히 운동하게 되며, 그것은 바로 온도가 높아짐을 의미한다. 손바닥을 비비는 행동이 역학적으로 열을 만드는 현상이라면(그것도 미시적으로 보면 결국 마찬가지로 전기적인 현상으로 귀결된다), 적외선은 전기적 방법으로 따뜻함을 느끼게 해주는 것이다.

적외선 중에서도 특히 원적외선이라 불리는 빛은 우리에게 한층 더 따뜻함을 느끼게 해준다. 원적외선의 진동수가 피부 세포를 특히 더 잘 흔들어놓기 때문이다. 우리 몸에서도 원적외선이 나오는데, 다른 사람의 체온이 나에게 따뜻하게 느껴지는 것도 이 때문이다. 원적외선은 뜨거운 난로나 화롯불에서 많이 나오며, 우리가 따뜻하게 느끼는 모든 것은 적외선을 내는 것들이다.

빛은 언제나 가장 빨리 갈 수 있는 길로 진행한다

빛이 진행하는 경로에는 일정한 특징이 있는데, 그 특징은 매우 흥미로운 것이다. 우리가 잘 알듯이 빛은 직진한다. 이것은 빛이 최단거리가 되는 경로를 택해 진행함을 뜻한다. 반사되는 경우 빛의 경로에서도 최단거리는 유지되는데, 이런 사실을 처음 발견한 사람은 알렉산드리아의 헤로Hero라는 사람이라 전해진다. 그러나 빛이 공기에서 물속으로 진행할 때의 경로는 직선이 아니고 꺾인 모양이다. 즉, 최단거리 경로로 진행하지는 않는 것이다.

이 경우 빛이 진행한 경로에는 어떤 특징이 있을까? 이때의 경로는 명백히 최단거리는 아니다. 그러나 잘 분석해보면 꺾인 경로로 빛이 진행한 경우 걸린 시간이 최소가 됨을 알 수 있다. 물속에서 빛의 속도는 느려지기 때문에, 목표점에 더 빨리 도달하려고 빛은 더 빠르게 진행할 수 있는 공기 중에서 조금 더 많이 머무르는 방법을 쓰는 것이다. 공기 중에서 직진하는 최단경로도 역시 최소시간 경로임은 마찬가지이므로, 어떤 경우에나 빛은 '가장 빨리 가는 경로

물속보다 육지에서 더 빠르다면, 육지에서 조금 더 먼 거리를 뛰어가는
구부러진 경로로 가야만 더 빨리 도달할 수 있다.

로 진행한다'라고 얘기할 수 있다.

이러한 현상은 다음과 같은 상황에 잘 비유될 수 있다. 물에 빠진 아이를 구하기 위해 구조대원이 바다로 뛰어들어 구하러 간다고 가정해보자. 구조대원이 아무리 수영을 잘한다고 하더라도 육지에서 뛰는 속력보다는 느리다. 이 경우 구조대원이 가장 빠른 시간에 물에 빠진 아이에게 갈 수 있는 경로는 어떤 경로이겠는가? 구조대원은 자신이 빨리 달릴 수 있는 해변을 가능한 한 많이 달림으로써 수영해야 하는 거리를 줄여야만, 최소시간에 아이가 물에 빠진 위치까지 도달할 수 있을 것이다.

그렇다면 빛은 어떻게 알고 가장 빨리 가는 길로 간다는 말인가? 빛이 모든 경로를 다 탐색해본 다음, 어떤 길이 가장 빠르게 목표점에 도달하는 길인지 판단하고 그 경로로 신행하는 것은 물론 아닐 것이다. 실제로 빛은 진행하는 도중 만나는 물질 분자들과 부딪치는 파란 많은 역정을 거쳐 목표점에 도달하지만, 그 최종 결과는 빛이 마치 가장 빠른 경로를 찾아 진행한 것처럼 나타나는 것이다. 이것은 마치 우리가 하루하루 여러 사람을 만나며 살지만, 일생을 지나고 보면 전체적으로 어떤 큰 틀 속에서 우리가 모르는 어떤 특징을 가진 일생을 산다고 말하는 것과 마찬가지다.

빛은 과학에서 가장 난해한 현상이라 할 만하다. 빛은 상대성이론이 적용되는 가장 극한적인 현상이며 동시에 가장 양자적인 현상이라 할 수 있는데, 상대론적 세계나 양자적 세계는 모두 우리가 상상하거나 설명하기 어려운 세계이기 때문이다. 빛의 여러 가지 이상하고도 난해한 측면들은 뒤에서 다시 다루게 될 것이다.

조금만 더 알려주세요! ⟨?⟩ **신기루현상** 일반적으로 빛의 속력은 물질의 밀도가 커질수록 더 느려진다. 예를 들어 같은 공기 중이라도 공기가 희박한 곳을 경유해 가는 것이 더 빠르다면 거리가 멀어도 빛은 그렇게 진행한다. 이 때문에 여러 가지 재미있는 현상이 생기는데, 그 예로 사막에서 발생하는 '신기루현상'을 들 수 있다. 사막에서 모래가 뜨거워지면, 지표면의 공기가 팽창하며 밀도가 희박해진다. 밀도가 희박한 공기 속에서 빛은 더 빨리 진행할 수 있다. 따라서 공중에서 사람에게 오는 빛은 바로 오지 않고, 더 빠르게 올 수 있는 지표면 쪽으로 휘어진 경로로 진행하게 된다. 이렇게 되면 공중에서 오는 빛이 마치 땅에서 오는 것처럼 보이게 된다. 그래서 푸른 하늘의 모습이 모래 위에 나타나게 되어 마치 사막 위의 푸른 연못처럼 보이게 된다.
빛이 공기가 희박한 곳을 경유해 진행하는 현상으로 인해, 우리는 아직

지평면 아래에 있는 해를 볼 수도 있다. 저녁 무렵 우리가 보는 아름다운 석양은 실제로 지평선 너머로 사라진 상태일 수도 있다. 태양에서 오는 빛은 상공을 경유해 오므로, 마치 해가 아직 하늘에 있는 것으로 보이게 하는 것이다. 이것은 물론 태양이 떠오르는 과정에서도 마찬가지로, 우리는 아직 수평선 아래 감춰진 태양을 미리 보고 있는 셈이다.

겨울에는 해가 빨리 진다고 한다. 이 말은 단지 겨울의 낮 시간이 여름에 비해 짧아졌다는 것뿐만 아니라, 지평면 근처에 있던 해가 겨울에는 여름보다 더 빨리 진다는 것을 의미한다. 이런 사실을 경험으로 아는 사람들은 겨울철에는 여름보다 더 빨리 산에서 내려온다. 이것은 겨울철 지표면의 온도가 더 차가워지기 때문이라고 해석할 수 있다. 지표면 공기가 더 차가울수록 밀도는 더 커지고 빛은 더 높은 상공을 경유해 우리에게 도달한다. 즉, 추운 겨울날일수록 빛은 더 많이 휘어져 오게 되며, 따라서 해가 더 높이 떠 있는 것처럼 보이게 만드는 것이다. 낮의 길이가 짧아지는 겨울이면, 자연은 이런 방법으로 우리에게 조금 더 긴 낮 시간을 제공한다.

빛은 어떻게 만들어지나

어떻게 하면 빛을 만들 수 있을까? 물론 물질을 태우면 빛이 만들어진다. 인간이 알아낸 제2의 불이라 할 수 있는 전기에 의해서도 빛이 만들어진다. 또한 물질 자체를 소멸시켜가는 과정인 핵반응에 의해서도 태양빛과 같은 빛이 만들어지는데, 그 빛은 산화반응으로 태워서 얻는 불이나 전기저항에 의한 전깃불과는 다른 것이므로, 제3의 불이라고 볼 수 있다. 빛은 이와 같이 여러 방법으로 만들어시시만,

그 근본적 원인은 '전기를 띤 입자의 가속'이라 말할 수 있다. 가속도운동이란 속도가 일정하지 않은 운동을 뜻하며, 한 점을 중심으로 원운동하거나 진동하는 운동도 가속도운동이다.

물질은 수많은 분자로 이루어지고 그 분자들은 항상 매우 빠르게 진동한다. 그런데 그 분자들은 전기를 띤 입자들로 이루어졌으므로, 결국 모든 물질은 항상 진동하는 전자들을 가진다. 즉, 우리 눈에는 보이지 않지만 빛은 우리 주위의 모든 물체에서 끊임없이 방출되고 있는 것이다. 단지 대부분의 경우 그 빛이 눈에 안 보일 뿐이다.

물체에서 방출되는 빛은 광범위한 파장에 걸친 전자파들이다. 물체가 가장 강하게 방출하는 빛은 물체의 온도에 따라 달라지는데, 예컨대 6000K인 물체에서는 '초록색에 가까운' 노란색 빛이 가장 많이 방출된다. 지구에서 받는 햇빛에는 노란색 빛이 가장 강하므로, 과학자들은 태양의 표면 온도를 6000K 정도로 추정하고 있다.

우리가 생활하는 온도는 300K^{섭씨 20도} 부근이다. 온도 300K인 물체가 가장 많이 방출하는 전자파는 적외선 영역의 파장을 가진 빛들로서, 가시광선 성분은 거의 없다. 따라서 어두운 방 안에서 우리 눈은 아무것도 감지하지 못하지만, 실제 그곳에는 많은 적외선이 있는 것이다. 물체의 온도가 점점 높아지면 붉은색 빛이 가장 많이 방출되기 시작하는데, 무쇠난로는 뜨거워짐에 따라 점점 붉게 달아오르게 된다. 방송국에서 송출하는 전파는 '공명진동 회로'라 불리는 진동하는 전류회로에 의해 생기는 빛이다.

조금만 더 알려주세요! 💬 **엑스선의 생성** 발생되는 빛의 성질은 진동수, 즉 전자가 얼마나 빨리 진동하는가에 따라 다른데, 가속도가 크면 클수록 진동수가 큰 빛이 더 많이 나온다. 예를 들면 난로가 뜨거워져 붉은색을 띠는 것은 철원자들이 전보다 더욱 빠르게 진동한다고 해석할 수 있다.

엑스선을 만드는 방법은 아주 간단하다. 먼저 금속을 가열하여 전자를 많이 발생시킨 다음, 그 전자들을 높은 전위차로 가속시켜 텅스텐 같은 단단한 금속판에 부딪치게 한다. 엄청난 속도로 날아가던 전자가 갑자기 멈추게 되면 엄청난 가속도(벡터 표현으로는 음의 가속도)로 감속되는데, 이렇게 되면 파장이 아주 짧은 전자기파까지도 만들 수 있다. 이렇게 강한 브레이크를 걸어 빛을 만들었기 때문에, 엑스선을 처음 우연히 발견한 어떤 독일인은 브렘스슈트랄룽Bremsstrahlung(급정거하여 얻은 빛이라는 뜻)이라 불렀다.

하늘은 왜 푸른가

우리는 해가 뜨면 세상이 밝아지는 것을 당연하게 생각한다. 그러나 대기가 없으면 대낮에도 하늘은 그저 반짝이는 작은 별들과 태양이라는 큰 별이 떠 있는 검은 하늘에 불과할 것이다.

태양으로부터 오는 햇빛은 모든 색깔을 가진 빛이다. 또 눈에 안 보이는 다른 빛들도 포함한다. 그 빛들은 대기를 통과하며 공기분자들과 부딪쳐 사방으로 흩어진다. 그 빛은 우주 공간으로 다시 나가 우주인이 보는 지구를 푸르게 만들기도 하고, 다시 지표면으로

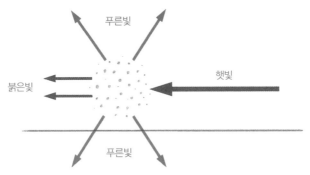

지표면 상공을 지나는 햇빛 중 파장이 짧은 푸른빛은 더 많이 산란되기 때문에,
대기를 통과하면 거의 붉은빛만 남게 된다.

오기도 하는데, 이때 빛은 원래의 햇빛 방향과는 상관없이 사방으로부터 온다. 낮 동안 우리가 세상을 볼 수 있는 이유는 그런 빛들이 대기나 물체에 의해 산란되어 눈에 들어오기 때문이다.

우리가 무엇을 본다는 것은 그것으로부터 빛이 온다는 것이다. 예컨대, 태양이 산에 가려 보이지 않는데도 하늘이 밝게 보이는 것은 대기에 의해 산란된 햇빛이 눈에 들어오기 때문이다. 그러므로 만약 대기가 없다면 해가 산 뒤에 있는지 없는지 알 도리가 없게 된다. 오로지 대기의 존재 때문에 해가 눈에 바로 보이건 아니건 간에 낮 동안만은 밝은 세상에 살 수 있게 되었던 것이다.

밝은 대낮의 하늘은 푸르다. 또 이른 아침 떠오르는 해나 저녁에 지는 해는 붉은 색깔이 된다. 그 이유는 무엇일까? 이러한 현상들은 색깔에 따라 빛이 흩어지는 정도가 차이 나기 때문에 생긴다. 빛은 파장에 따라 산란되는 정도가 다른데, 파장이 짧은 푸른빛이 붉은빛보다 더 잘 산란된다. 대기는 푸른빛과 붉은빛 모두를 흩어지게 만들지만, 푸른빛이 훨씬 더 많이 산란되기 때문에 하늘이 푸르게 보이는 것이다. 이에 비해, 붉은빛은 덜 흩어지므로 공기 중에서 더 멀리까지 갈 수 있다. 지평선 멀리에서부터 오는 햇빛 중에서 푸른색 빛들은 오는 도중 대기에 의해 흩어져버리고, 덜 흩어진 붉은빛만이 우리에게 도달하게 되어 노을이 붉게 물들게 되는 것이다.

조금만 더 알려주세요! 🛈 **파장에 따른 산란**   빛의 정체는 변화하는 전자기장이다. 그래서 빛을 전자기파 또는 전파라고도 부른다. 물질은 전기를 띤 분자들로 이루어졌으므로, 빛이 물질을 만나면 진동하는 전기장이 물질 속의 분자들을 뒤흔들어놓게 된다. 분자들이 흔들리는 운동은 가속도 운동이다. 분자들은 전기로 이루어져 있으므로 물질에서는 또다시 빛이 나오게 된다. 빛이 산란된다는 말은, 물질에 부딪친 빛이 이런 과정을 거쳐 여러 방향으로 다시 흩어지는 현상을 이른다. 우리가 물체를 볼 수 있는 것은 그렇게 흩어진 빛을 보기 때문이다.

빛은 그 파장이 짧아질수록 더 많이 산란되는데, 파장이 반으로 줄어들면 16배나 더 많이 산란된다. 예를 들어, 텔레비전방송에 사용되는 전파는 중파 라디오방송에 사용되는 전파보다 파장이 훨씬 짧으므로, 거리가 멀어짐에 따라 그 세기가 급격히 약해진다(텔레비전에 사용되는 전파는 초단파로 진동수가 100메가헤르츠 정도이고, 중파 방송인 라디오파는 1메가헤르츠 정도로서 100배 정도나 차이가 난다). 마찬가지로 붉은빛의 파장은 푸른빛보다 길므로, 대기 중에서 푸른빛의 산란은 붉은빛에 비하여 훨씬 더 강렬하다.

휴대폰에 쓰이는 전파는 1기가헤르츠와 2기가헤르츠 두 종류가 있다. 그중 2기가헤르츠 전파는 파장이 짧으므로 산란이 더 잘 되어 먼 거리까지 전달되는 것이 약간 더 어렵다. 그래서 더 많은 중계소를 필요로 하게 된다.

무지개가 보이는 이유는 무엇인가

빛은 흔하고 평범한 존재 중 하나지만, 아마도 가장 신비로우면서도 이해하기 어려운 존재로 영원히 남을 것이다. 앞에서 말했듯이, 빛이 두 점 사이를 진행하는 경로는 언제나 빛이 **가장** 빠른 시간에 도달하는 경로다. 다른 물질을 만나면 굴절하며 진행해야만 그런 특성을 만족시킬 수 있었던 것이다.

'가장'이라는 말은 최고나 최저라는 의미인데, 수학에서 최고치^{maximum}나 최저치^{minimum}는 '극치'^{extremum}라 불린다. 극치점의 위치에서 함수는 독특한 점이 있는데, 그것은 극치를 주는 변수 위치에 '충분히' 가까운 모든 점에서 함수는 일정한 값(극치값)이 된다는 것이다. 변수에 따라 다른 값을 가지는 함수의 특성에서 볼 때 이런 점은 특이한 것으로서, 인간 세상에서의 일로 말하면 상황이 매우 너그러워져 정확하게 맞추지 못해도 적당하게만 맞추면 다 포용해 받아준다는 것에 비유할 수 있다.

굴절현상에서 극치의 이런 특성은 다음과 같은 뜻으로 해석할 수 있다. 즉, "어떤 각도로 굴절되는 빛에서, 실제 입사각에 '충분히' 가까운 입사각으로 들어오는 모든 빛들은 같은 굴절각으로 굴절한다." 이런 입장에서 보면, 실제 굴절각으로 꺾여 진행하는 빛살은, 그 굴절각으로 꺾이는 입사한 빛과 그 빛에 매우 가까운 다른 빛살들이 모두 뭉쳐졌기 때문에 강한 빛이 된다고 해석할 수 있게 된다. 즉, 실제 굴절각으로 꺾이는 각도에서는, 그리고 그 각도에서만, 그 빛과 미세하게 다른 각도로 입사하는 모든 빛들이 모여 강한 빛이 만들어지는 것이다.

공중에 떠 있는 작은 물방울들에 의한 빛의 굴절 때문에 아름다운 무지개가 생긴다는 것은 잘 알려져 있다. 물방울에 의한 굴절에서 빛은 물방울에 들어갈 때와 나올 때 두 번의 굴절을 하고, 또 그 과정 중에 물방울 내부에서 전반사되는 과정을 거친다. 그 결과로 빛은 거의 180도 가까이 방향이 바뀌게 되어, 무지개는 해를 등지는 쪽에만 생기는 것이다.

하지만 이렇게 경이롭고 흥미로운 현상은 단순히 물방울에 의해 빛이 굴절하기 때문에 일어나는 것은 아니라는 사실은 잘 알려져 있지 않다. 우리가 무지개를 볼 수 있는 이유는 물방울에 의한 굴절현상에서도 굴절 과정에서의 '극치점' 현상이 발생하기 때문이다. 공기 중에서 물로 들어갈 때의 단순 굴절현상에서와 마찬가지로, 물방울에 의해 굴절되어 나오는 빛도 총굴절각이 극치가 되는 조건을 만족시킨다. 즉, 그 굴절각을 통해 나오는 방향의 빛만이 '최소시간의 원리'를 만족시키는 것이다. 극치의 특성상 이것은, 실제 입사각에 충분히 가까운 각도로 들어오는 모든 빛이 최종적으로는 같은 각도로 굴절되어 나온다는 것을 뜻한다. 무지개의 각 색깔에 따라 굴절각은 조금씩 다른데, 각 색깔의 빛마다 그에 해당하는 굴절각에서만 빛은 강해져 우리 눈에 보이는 것이다!

조금만 더 알려주세요! 💬 **수학에서 극치의 의미** 수학에서 극치(최고나 최저)는 미분값이 0인 경우 얻어진다. 즉, 어떤 변수값에서 함수가 최고치나 최저치가 되는 경우, 그 점에서 함수의 미분값은 0이 된다. 이때 미분값이 0이라는 것은, 그 점과 미세한 차이가 나는 옆 점에서도 함수값이 똑같은 크기라는 뜻이다. 수학적 표현으로는, 어떤 점 x에서 $\triangle x$가 '충분히' 작은 값이면 $\lim_{\triangle x \to 0} \frac{f(x+\triangle x)-f(x)}{\triangle x} =0$이라는 관계가 될 때 미분값이 0이 된다고 한다.

일반적으로 함수는 변수가 달라짐에 따라 다른 값을 가진다. 그러나 극치점 위치에서만은 예외적으로 정확한 극치점 변수 위치가 아니더라도, 그 위치에 충분히 가까운 모든 점에서 함수는 일정한 값(극치값)을 가지는 너그러움을 보이는 것이다.

공기 중에서 물로 들어가는 빛의 굴절현상에서 빛이 진행하는 경로에 있는 점 중에 공기 중과 물속의 두 점을 취하고 두 점 사이로 빛이 이동하는 데 걸리는 시간을 계산한다면, 그 시간은 실제 굴절되는 입사각에서 최소가 된다.

제6장

듣기와 보기,
상대적인
우리의 감각들

우리의 감각은 믿을 만한가

우리 몸은 보기·듣기·맛보기·냄새 맡기·피부로 느끼기 등 5개의 감각 기능을 가지고 있다. 그중에서 미각과 촉각은 음식이나 물체 등에 직접 접촉하는 상태에서 느끼는 감각들이다. 후각도 상대적으로 가까운 자신의 주위 영역의 냄새를 맡는 감각이다. 이러한 기능들을 잃어버리면 생활에 많은 불편을 느끼겠지만, 보거나 듣는 기능을 잃는 것만큼 불편하지는 않을 것이다. 즉, 우리가 사는 데 시각과 청각은 거의 '절대적'으로 필요한 기능이라 할 수 있다.

시각과 청각은 상호보완적인 역할을 한다. 예를 들어 담장 뒤에 있는 사람을 볼 수는 없지만, 그 사람의 말소리는 들을 수 있다. 보이지 않는 상태에서도 소리를 통하여 의사를 전달할 수 있다는 것은 참으로 다행스러운 일이다. 이렇게 보는 것과 듣는 것이 차이가 나는 것은 무엇 때문인가?

잘 알려져 있듯이, 보는 것은 빛을 이용하고 듣는 것은 소리를 이용한다. 빛이나 소리는 모두 진동현상이다. 즉, 소리는 공기분자들의 집단적 진동현상이고, 빛은 매질 없이 전기장과 자기장이 서로를 만들어가고 진동하면서 진행하는 현상이다. 그러나 우리가 들을 수 있는 소리와 볼 수 있는 빛은 매우 다른 특징이 있는데, 그것은 바로 진동수의 차이다.

사람은 공기의 진동이 20~16000헤르츠 정도의 진동수를 가진 소리만 들을 수 있다. 1헤르츠^{Hz}란 1초마다 한번 진동하는 것을 뜻한다. 즉, 공기가 1초에 20번 이하로 진동하거나 16000번 이상 진동하는 경우 그 소리는 들리지 않는데, 대부분의 사람은 14000헤르츠 이상만 되어도 거의 듣지 못하게 된다. 일상생활에서 우리가 듣는 소리는 대개 수백헤르츠 정도의 소리들이다.

1초당 수백번의 진동은 우리의 일상 경험으로는 매우 빠른 진동이다. 그러나 물체를 때려 소리가 난다면 그 물체를 이루는 작은 분자들은 집단적으로 그렇게 빠르게 진동한다. 파리나 모기 등의 날개는 매우 가벼워 그 정도로 빨리 날갯짓을 할 수 있다. 모기가 날 때 내는 소리를 들을 수 있다는 사실에서 우리는 그것을 짐작할 수 있는 것이다.

우리가 들을 수 있는 소리의 진동수도 작지는 않지만, 볼 수 있는 빛의 진동수는 놀랍게도 1초당 수백조번 정도의 단위다. 그렇게 빠른 진동이 어떻게 가능할까? 상상하기는 어렵지만 물질을 이루는 원자들은 그것이 가능할 정도로 가볍다. 우리 눈은 수백조번 정도로 진동하는 빛만 감지하도록 진화되었으며, 그 범위를 벗어난 빛은 전혀 인식하지 못하는 것이다.

이런 사실에 비추어보면 다음과 같은 의문이 생긴다. '우리의 감각은 믿을 만한 것인가? 내가 듣지 못했거나 보지 못한 것들은 다른 사람들도 마찬가지로 듣지 못했거나 보지 못했다는 말인가?' 이에 대한 대답은 '아니다'이다. 개인에 따라 누구도 못 듣는 소리를 들을 수도 있고, 누구도 못 보는 것을 볼 수도 있는 기적 같은 일이 일어날 가능성이 존재하는 것이다.

흥미로운 사실은, 쥐나 코끼리 같은 다른 동물들은 인간이 듣지 못하는 진동수의 소리를 들을 수 있다는 것이다. 코끼리는 인간이 들을 수 없는 낮은 진동수의 소리로 서로 통신하는 것으로 알려져 있는데, 그런 소리는 파장이 길어 나무 같은 장애물에 의해 쉽게 산란되지 않아 몇십리 떨어진 먼 거리까지 도달한다고 한다. 또 나비나 벌 같은 곤충들은 우리가 보지 못하는 빛인 자외선 같은 빛을 볼 수도 있는 것으로 알려져 있다. 동물들은 자신들의 필요에 따라 각각 다른 기능을 가지도록 진화해온 것이다.

조금만 더 알려주세요! 💬 **감각기관의 공명현상** 어떤 자극이 있을 때 그 자극을 인식하려면 인식기관과 자극이 서로 조화가 되어야 한다. 예를 들어, 그네를 흔드는 자극에 의해 그네가 잘 흔들리려면 그네의 자연 진동수와 흔드는 진동수가 잘 맞아야 한다. 이런 경우 공명resonance이 되었다고 한다. 우리 몸의 감각기관도 공명에 의해 자극을 인식하는데, 예를 들어 원적외선은 피부 세포의 자연 진동수와 잘 맞아 세포를 잘 흔드는 파장을 가졌다고 볼 수 있다. 또한 귓속에 있는 고막도 공기의 진동을 감지하는데, 이것은 고막의 자연 진동수 영역이 우리가 들을 수 있는 소리의 진동수 영역과 잘 맞는다는 뜻이다. 눈의 시신경세포는 빛의 전기장 진동수가 1초당 약 100조에서 1000조번일 때 공명하는 것으로 볼 수 있다.

빛과 소리는 서로를 보완한다

눈에 보이지 않는 사람의 말소리를 들을 수 있는 이유는 소리와 빛의 파장 차이에 의한 것이다. 파동의 흥미로운 특징 중 하나로 '에돌이'현상이라는 것이 있다(이것은 '회절'현상이라는 이름으로 더 많이 알려져 있다). 에돌이현상이란 장애물을 에워싸고 돌아간다는 뜻으로, 직진하는 물체는 그럴 수 없어도 파동은 담 같은 장애물의 뒤에까지 도달할 수 있다는 것이다.

에돌이현상은 파동의 파장이 길수록 더 잘 일어난다. 안 보이는 곳에 있는 사람의 말소리를 들을 수 있는 이유는 파장이 긴 소리 진동의 에돌이현상 때문이다. 빛도 파동이므로 물론 에돌이현상을 보인다. 담 뒤의 사람이 보이지 않는 이유는 단지 우리 눈에 보이는 빛의 파장이 너무 짧아 에돌이기능이 매우 약하기 때문이다.

소리는 초속 340미터 정도의 속도로 전달되므로, 진동수가

100헤르츠 정도 되는 소리의 파장은 수미터 정도가 된다. 그에 비해 초속 30만킬로미터 정도로 전달되는 빛이 100조번 정도 진동한다면 (눈에 보이는 빛의 진동수가 이 정도 된다), 그 파장은 수백나노미터 (1나노미터는 10억분의 1미터이다) 정도밖에 안된다. 이런 이유로 눈에 보이는 빛은 직진하는 것처럼 보인다.

그러나 어떤 '빛'은 소리보다 더 잘 에돌이할 수도 있다. 눈에 안 보이는 '빛'인 라디오파 같은 전자기파는 파장이 수백미터 정도 인데, 그런 빛은 수미터 이내의 파장을 갖는 보통 소리에 비해 훨씬 잘 에돌이할 수 있다. 산골짜기에 있는 마을에서 라디오를 들을 수 있는 이유는 여기에 있다. 즉, 라디오파라는 긴 파장의 빛을 '볼 수 있는' 라디오안테나는 산등성이 뒤를 '볼 수' 있는 것이다. 텔레비전 전파는 라디오 전파보다 훨씬 짧은 파장을 가진 파로서, 에돌이현상 이 현저히 약하다. 산골마을에서 텔레비전을 시청하기 어려운 것은 이 때문이다.

우리 눈이 라디오안테나처럼 긴 파장의 빛을 보도록 진화했 다면, 우리는 담으로 가려진 뒤에 무엇이 있는지 볼 수 있을 것이다. 그러나 긴 파장으로 볼 때는 해상도가 나쁘므로, 무엇이나 흐릿하게 보일 뿐이고 사방에서 오는 빛을 한꺼번에 다 보기 때문에 무엇이 무엇인지 알 수 없는 상태로 사물을 인식할 것이어서, 그 불편은 이 루 말할 수 없을 정도일 것이다.

다행히 우리 눈은 매우 짧은 파장의 빛만 보도록 진화해왔다. 그 짧은 파장의 빛은 주로 노랑과 초록에 걸친 색깔의 빛인데, 우리

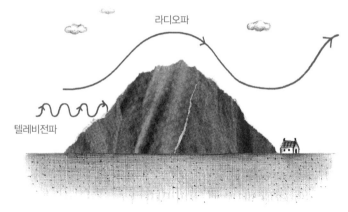

파장이 긴 라디오파는 산 뒤까지 도달할 수 있지만,
텔레비전에 쓰이는 초단파는 파장이 짧아 그럴 수 없다.

눈이 그런 빛을 이용해 시각 정보를 얻게 된 까닭은 지구 표면에 도
달하는 태양빛 중에 그 빛들이 가장 많기 때문으로 생각된다. 노랑
이나 초록빛같이 파장이 짧은 빛을 이용해 물체를 보면, 담 뒤에 가
려진 물체를 알아보지 못하는 불편이 따른다. 그러나 라디오파와 같
이 긴 파장의 빛을 이용한다면, 위치를 정확히 알아내기가 더 어려
워지는 불편이 따른다. 소리의 파장이 매우 길기 때문에 소리만 듣
고 그 소리가 어디에서 나는지 정확하게 알지 못하듯이, 긴 파장의
빛을 이용해 본다면 물체의 위치를 정확히 알 수 없게 되는 것이다.

이렇게 보면, 청각과 시각은 우리를 위해서는 매우 좋은 동반
자인 것 같다. 즉, 소리 진동은 담이나 벽 뒤의 소리를 들을 수 있는
편리함을 주고, 빛 진동은 물체의 위치를 날카롭게 파악할 수 있는
편리함을 주는 것이다.

조금만 더 알려주세요! ❓ **소리와 빛의 근원적 차이** 소리와 빛은 근원적으로 매우 다른 파동이다. 소리는 분자의 진동으로 전파하는 역학적 현상이고, 빛은 전기와 자기가 서로를 만들어가며 전파하는 전자기적 현상이다. 따라서 소리는 공기 같은 기체뿐 아니라 물 같은 액체나 철도레일 같은 고체 상태의 물질을 통해서도 전달되지만, 물질이 없는 진공에서는 전파되지 않는다. 서부영화에서 땅에다 귀를 대고 멀리서 들려오는 광야의 말발굽 소리를 듣는 인디언은 땅을 통해 소리가 전파될 수 있기 때문에 들을 수 있는 것이다. 우리는 보통 귀의 고막을 이용하여 소리를 듣지만, 고막이 거의 마비된 청각 장애인도 머리에다 대고 말하면 소리를 들을 수도 있다고 한다. 고막의 진동에 의한 역학적 진동을 전기신호로 바꾸어 인식하는 신체의 특성으로 보아, 고막이 아니고 귀 근처 신체의 한 부분에 전달되는 진동이 전기신호로 전환되어 인식될 수도 있기 때문이다. 에디슨은 청력을 잃은 자신의 할머니가 머리에 대고 하는 말을 들을 수 있는 것을 보고 전화기를 발명했다고도 전해진다.

자연은 거의 모든 진동수의 소리를 내지만, 그 소리를 변환하는 전자기기는 필요한 범위의 진동수 소리만 만들어낸다. 그러므로 전자기기로 변환된 음악은 생음악과는 다른 소리로 들릴 수밖에 없다. 또 고막을 통하지 않고 몸을 통해 소리를 인지할 수 있는 우리의 능력 때문에, 우리 몸은 귀를 통해 들을 수 있는 소리 범위보다 더 넓은 영역의 소리를 감지할 수 있다고 알려져 있다. 전자기기로 음악을 감상하는 것과 음악연주회에 가서 몸 전체의 진동으로 음악을 느끼는 것과는 다를 수가 있는 것이다!

소리의 세기는 데시벨로 나타내며, 10~120데시벨 정도가 인간이 들을 수 있는 소리의 범위라 알려져 있다. 데시벨은 로그$^{\log}$함수로 정의된 단위인데, 이 범위는 약 1조$^{10^{12}}$ 배 차이에 해당하는 것이다. 고막을 포함해 귀 내부에 있는 구성요소들의 역학적 진동으로 인간이 들을 수 있는 소리의 범위는 이처럼 놀라울 정도로 넓다. 소리가 역학적 파동인 데 비해,

빛은 전자기적 파동이다. 소리와는 달리 빛은 매질이 없어도 스스로 전파될 수 있다. 이 사실을 깨닫는 데는 매우 오랜 세월이 필요했으며, 그 깨달음이 상대성이론의 한 토대가 되었다.

믿을 수 없는 색깔

좋아하는 색깔의 옷을 산 다음, 집에 돌아와 다시 보면 자신이 원했던 색이 아님을 우리는 자주 경험한다. 전등빛이나 특수한 조명 아래에서 본 물체의 색이 자연광 아래에서 다시 보면 다른 색으로 보이는 것이다. 이것은 우리 눈의 색을 인식하는 능력이 어두운 곳과 밝은 곳에서 큰 차이를 보이기 때문이다.

우리 눈의 망막에 퍼져 있는 시신경세포는 '막대세포'와 '원추세포'라는 두 종류로 이루어진다. 원추세포는 눈조리개의 초점 부근 좁은 영역에 주로 분포되어 있으며, 그 세포 수는 막대세포에 비해 매우 적다. 이에 반해 막대세포는 망막 전체에 걸쳐 분포되어 있으며 세포 수는 원추세포에 비해 매우 많다. 막대세포와 원추세포는 각각 다른 색깔의 빛에 민감한데, 막대세포는 파장이 약 560나노미터 부근의 빛(초록)에, 원추세포는 파장이 500나노미터 부근의 빛(노랑)에 가장 민감하다.

원추세포의 수는 많지 않으므로, 우리 눈은 어두운 곳에서 색을 인식하는 능력이 많이 떨어진다. 예컨대 어두운 방으로 들어가면 처음에는 아무것도 보이지 않다가 시간이 지나면 물체가 조금씩 식별된다. 그렇다 하더라도 방 안의 물체들은 땅거미가 지는 저녁에 보이는 세상처럼 마치 색을 잃어버린 회색빛 세상의 물체들처럼 보인다. 밤하늘의 별들도 망원경으로 보면 그 온도에 따라 모두 다른 색깔을 가지고 있지만 육안으로는 색이 없이 그저 반짝이는 것처럼만 보이는 것도 그 색을 인식하기에 충분할 정도로 빛이 밝지 않기 때문이다.

원추세포의 수는 많지 않지만 그래도 밝은 곳에서는 제 기능을 잘 발휘하는데, 노란색 근처의 빛(붉은색−주황색−노란색 구간)이 특히 눈에 잘 띈다. 노란색이나 붉은색으로 경고나 위험 상황을 나타내는 것은 이 때문이다. 이 색들은 밝은 곳에서는 눈에 잘 띄어 안전을 위해서 효율적이지만, 날이 어두워지면 거의 무용지물이 될 수도 있다.

인간의 눈은 우리 주위에 가장 흔한 가시광선에 민감하도록 진화되어왔다고 할 수 있다. 즉, 우리 주위에 가장 흔하고 강한 노란빛에 민감하도록 진화해왔을 것이며, 따라서 우리가 노란색에 가장 민감함은 자연스러워 보인다. 그러나 시신경세포의 대부분은 막대세포들이며, 그 세포들은 비록 색을 인식하지는 못하지만 초록색 빛을 더 민감하게 인식한다. 즉, 비록 색깔은 인식하지 못한다 할지라도 어두운 곳에서는 초록색 물체가 잘 보인다.

이것은 아마도 식물이 초록빛을 띠는 현상과 관련이 있지 않을까 생각된다. 즉, 인간이 먹는 음식물의 원천이면서 또 휴식처가 되기도 하는 식물을 잘 식별하기 위해서 우리 눈은 그렇게 진화해오지 않았을까 하는 것이다. 그러나 위험한 상태를 빨리 파악하기 위해서는 초록빛보다 더 강한 노란색 빛을 이용하여 위험을 감지할 필요도 생겨났을 것이다. 즉, 우리 인체는 위험을 감지하기 위해 적은 수이지만 원추세포를, 그리고 먹이를 잘 식별하기 위해 많은 수의 막대세포를 따로 이용하고 있다고 할 수 있을 것이다.

조금만 더 알려주세요! 〔····〕 **동물이 보는 세계** 흥미로운 사실은 많은 동물이 색깔을 인식하지 못한다는 것이다. 예컨대, 개는 물체를 흑백으로만 식별한다고 알려져 있다. 아마도 개에게는 색깔을 인식할 필요성보다는, 어떤 색이건 상관없이 물체를 더 잘 볼 수 있는 능력이 필요하기 때문에 이렇게 진화해왔다고 생각된다. 즉, 생존하기 위해서는 색깔을 인식하는 능력 대신 단지 물체의 움직임을 인식할 필요성이 더 크다고 볼 수 있다. 한편, 여러 곤충은 자외선을 이용해 물체를 식별한다고도 알려져 있다. 주위에 흔한 가시광선을 버리고 그런 선택을 하게 된 까닭이 무엇인지 알 수 없지만 흥미로운 일이라 아니할 수 없다.

조금만 더 알려주세요! 〔?〕 **형광과 인광 현상** 자신의 고유진동수보다 더 높은 진동수의 빛을 일단 받아들인 다음, 어떤 변화를 일으켜 자신의 고유진동수로 다시 내보내게 되면 입사하는 빛과 산란되는 빛의 색깔이 달라지게 된다. 옷의 표백제로 쓰이는 많은 물질이 이러한 특성을 가지고 있는데, 이들 표백제를 이루는 물질 분자들은 눈에는 안 보이는 자외선 같은 빛을 받아들인 다음 이를 다시 눈에 보이는 가시광선으로 내보낸다. 이런 현상을 형광현상이라 한다.
형광현상과 비슷하지만, 자신이 흡수한 빛을 오랫동안 지니고 있다가 한참 지난 후에야 다시 내는 물질도 있다. 이런 현상을 인광현상이라 한다.

흔히 야광이라고도 불리는 이 빛은, 방 안의 불이 모두 꺼진 뒤에도 오래 빛을 낸다. 오래된 고목이나 동물의 뼈에도 인광현상을 보이는 물질이 섞여 있는데, 이런 이유로 인광은 '혼의 불' 등으로 불리기도 했다. 인광이라는 이름은 원소 중 인^{P}을 포함한 물질에서 인광현상이 잘 나타나는 것 때문에 붙여진 이름이다.

제7장

힘과 운동, 자연세계를 지탱하는 기둥들

자연세계는 왜 변화하는가

움직이지 않는 세상은 죽은 세상이다. 아마 우주가 끝나는 날, 우주는 움직이는 것이 전혀 없는 죽은 세상이 될 것이다. 다행히 자연세계는 아직도 격동적으로 변화하는 활기찬 세계이다. 이와 같은 세계의 모든 변화를 가져오는 원인은 바로 '힘'이라고 볼 수 있다.

물체의 운동 상태는 힘을 받으면 변한다. 서로 떨어져 있는 상태로 밀거나 당기는 자석을 처음 보았을 때 신기함을 느끼지 않은 사람은 없을 것이다. 서로 접촉하지 않은 상태에서 작용되는 힘을 처음 경험하기 때문이다. 그러나 자석끼리의 힘이, 우리가 처음으로 보는 떨어져 있는 상태에서 작용하는 힘이었을까? 알고보면 사실 우리는 태어나면서부터 그런 힘을 경험하며 살아왔다. 손에 든 물체를 놓으면 언제나 땅으로 떨어진다. 물체는 왜 땅으로 떨어지는가? 옛 사람들은 물체가 땅으로 떨어지는 것이 우리가 사는 땅이 우주의 중심이기 때문이라며 당연하게 생각했다. 그러나 우리가 사는 땅이 우주의 중심인지도 알 수 없을뿐더러, 설혹 그렇다 하더라도 무슨 일이 '당연하게' 일어난다는 것은 과학적으로 받아들이기 어렵다.

이 세상에서 일어나는 일에는 어떤 일에나 그 이유가 있다. 우리 주위의 어떤 현상이라도 '당연히 그래야 하기 때문에' 발생하지 않는다는 뜻이다. 갈릴레오는 우리 지구가 우주의 중심이 아닌 것을 깨달았고, 그래서 물체가 언제나 '당연히' 지구로 떨어져야 한다고 믿지 않았다.

갈릴레오의 생각을 일반화하는 작업은 뉴턴에 의해 이루어졌는데, 그는 두 물체 사이에는 항상 서로 끌어당기는 '만유인력'이란 힘이 작용한다는 것을 처음으로 깨달았다. 그러나 뉴턴 자신도 직관으로 중력의 존재를 깨달은 것은 아니었다. 흔히 말하는 뉴턴과 사과나무의 일화는 사실이 아닐 가능성이 크다. 사실 뉴턴은 잘 관측된 자료를 토대로 치밀한 계산을 통해 '만유인력'의 특성을 발견하게 되었으며, 떨어지는 사과는 그의 깨달음을 뒷받침하는 하나의 계기였을 뿐이다. 기나긴 인류의 역사에서 평범하기조차 한 중력의 존재를 깨닫는 데 그토록 오랜 세월이 필요했다는 점은, 당연해 보이는 사실일수록 깨닫기가 더 어려움을 잘 보여준다.

만유인력은 말 그대로 모든 물체간에 작용하는 힘이다. 그러나 무겁지 않은 두 물체간의 만유인력의 크기는 그리 크지 않다. 작은 사과와 지구라는 매우 큰 물체 사이에 작용하는 힘의 세기가 겨우 사과의 무게 정도일 뿐이기 때문이다. 만유인력의 크기가 지금보다 크다면, 그래서 우리 주위의 모든 물체들이 자석처럼 서로 끌어당긴다면, 그런 세상은 살기에 매우 불편한 세계일 것이다.

하지만 힘을 받는다고 항상 운동하는 것은 아니다. 책상 위에 있는 사과는 그대로 멈추어 있다. 그 이유는 책상 면과 사과 사이에 중력 말고 또다른 힘이 작용하기 때문이라 생각할 수밖에 없다. 이와 같이 서로 접촉하는 두 물체간에 작용하는 힘의 근원은 전기력이다. 즉, 모든 물체는 전기를 띤 원자로 이루어져 있으며, 그 원자들이 너무 가까워지면 전기적인 힘이 서로 밀어내는 것이다.

우리 주위의 물체는 전기적으로 중성인 원자로 이루어져 있기 때문에 서로 접촉하지 않은 상태에서는 전기력이 작용하지 않는다. 그러나 서로 접촉해서 분자끼리 접촉하게 되면, 두 물체 사이의 힘은 복잡해진다. 분자끼리의 힘은 미묘해서, 두 분자가 가까워지면 처음에는 약한 반발력이 작용하다가, 더 가까워지면 끌어당기는 힘으로 바뀌어 결국에는 용수철이 끌어당기는 것처럼 서로 당긴다. 물론 더 가까워지면 엄청난 힘으로 밀어내는 힘이 다시 나타나게 된다. 그러나 그 한계를 넘으면 또다시 뭉쳐지는 힘이 작용하여 핵융합현상이 일어난다. 우리 주위에서 볼 수 있는, 접촉한 상태에서 작용하는 힘인 부력·마찰력·장력 등은 모두 이런 전기력에 그 근원이 있다.

만유인력은 언제나 서로 끌어당기는 힘이다. 그러나 전기력은 끌어당기기도 하고 밀어내기도 한다. 전기적으로 중성인 원자간 에도 서로 힘이 작용할 때가 있는데, 그 힘은 묘하게도 결과적으로 는 언제나 끌어당기는 힘이 된다. 밀기도 하고 당기기도 하는 전기 력이 원자 사이에서는 '언제나' 서로 끌어당기는 역할을 하게 된다 는 점은 매우 흥미로운 사실이 아닌가!

만유인력과 전기력은 우리가 보는 오늘의 우주를 만든 힘들 로서 작은 스케일에서는 전기력이, 큰 스케일에서는 중력이 그 역할 을 담당해왔다. 작은 미시세계 스케일에서 원자핵과 전자들은 전기 력에 의해 서로 묶여 있다. 또 그 원자들은 전기적으로는 중성이지 만, 약간의 변화만 생겨도 서로 끌어당겨 화학적 결합을 해서 원자 덩어리인 분자를 만들 수 있다. 그 덩어리 크기가 매우 커져 원자 수 가 1조의 1조배 정도가 되면 우리가 볼 수 있는 크기의 물체 덩어리 들이 된다. 즉, 원자가 모여 우리가 볼 수 있는 크기의 물체가 되는 이유는 전기력 때문인 것이다.

그러나 큰 공간 스케일 세계에서는 전기력이 아니라 중력이 우주를 지배하고 있다. 태초에 우주에 흩어져 있었을 원자들은 주로 수소였을 것으로 추정된다. 그 수소원자들은 서로 멀리 떨어져 있어 전기적으로 끌어당기는 힘은 무시해도 될 정도다. 물체를 이루는 원 자들은 전기적으로 중성이어서, 서로 접촉하는 단계에서만 전기력 이 작용할 수 있기 때문이다. 하지만 그 단계에서는 중력이 주도적 역할을 떠맡게 된다. 원자가 전기적으로 중성이어서, 그리고 원자의 전하 분포가 구대칭이어서 서로 떨어진 원자끼리 전기력이 작용히지 않는 것과는 달리, 중력은 먼 거리에서도 여전히 거리의 제곱에 반비례하며 그 세기가 천천히 줄어들기 때문이다.

태초에 우주를 채웠던 입자들이 양성자와 전자들이었다면 그것들은 전기력 때문에 곧바로 결합하여 수소원자를 이루었을 것이다. 또 수소원자들은 서서히 서로 끌어당겨 덩어리가 되었을 것이며 그 덩어리가 커져 별 정도 크기가 되면, 중심부 압력이 커져 높은 온도에 이르게 되고 핵반응이 시작되었을 것이다. 따라서 중력은 우주의 별들을 만든 힘이라 할 수 있고, 또 지금의 우주를 이루는 은하계와 은하계 내의 별들이 지금의 상태를 유지하며 운동하게 만든 힘이라 할 수 있다.

조금만 더 알려주세요! 💬 **네 가지 기본 힘** 우리 우주를 만든 힘은 중력과 전기력 말고도 또 있다. 원자핵은 많은 양성자로 이루어져 있고 그 양성자들끼리 서로 밀어내는 전기력은 엄청난 크기인데도 원자핵은 유지되고 있다. 그렇게 유지되도록 만드는 힘은 전기력보다 훨씬 더 큰 힘이어야 할 것이며, 원자핵 내부 정도의 거리에서만 작용하는 전기력이나 중력과는 다른 특성을 지닌 힘일 것이라 생각할 수 있다. 그 힘을 '핵력'이라 부르는데, 핵력이 없었다면 우주는 만들어질 수 없었던 것이다. 이 세 가지 힘 외에도, 원자핵 붕괴를 설명하려면 필요한 '약력弱力'이라는 힘이 있다. 그러므로 과학자들은 그 특성이 서로 전혀 다르다고 생각되는 네 가지 힘이 있다고 보고 있으며, 그 네 가지 힘을 기본력 또는 기본 상호작용이라 말한다.

전기력과 자기력은 처음에는 서로 무관한 힘인 것처럼 보였으나 나중에는 같은 근원의 힘이라고 밝혀졌다. 마찬가지로 전혀 다른 근원을 가진

것처럼 보이는 다른 힘들도 서로 아무런 관련이 없다고 주장할 근거는 없다. 그렇다면 특성이 확연히 다른 힘들도 사실은 같은 근원의 힘이 아닐까? 사실 특성이 다른 힘의 종류가 반드시 네 가지여야 할 이유는 없다. 즉, 제5의 힘이라는 것이 있어서는 안된다고 주장할 근거는 없다는 뜻이다. 아인슈타인은 네 가지 기본 상호작용에서 오는 힘들이 같은 근원의 힘이지만, 우리가 볼 때 다른 특성을 가진 것처럼 보일 뿐이라고 믿었으며, 그가 추구했던 '통일장이론'은 그 네 가지 상호작용이 사실은 하나임을 보이려는 이론이었다.

힘은 어떤 방법으로 전달되는가

사과를 들었다 놓으면 떨어진다. 조금 위치를 옮긴 다음 다시 떨어뜨려도 역시 떨어진다. 즉, 사과는 '언제 어디서나' 중력을 받는다. 사과는 어떻게 지구의 존재를 언제 어디서나 인식할 수 있을까?

언제 어디서나 중력이 작용한다는 사실은 지구가 어떤 형태로든 자신의 존재를 알리는 신호를 항상 내보내고 있음을 암시한다. 한편 지구가 자신의 신호를 내보낸다면 사과도 역시 자신의 신호를 내보낸다고 해야 마땅하다. 또 사과와 지구를 이루는 수많은 원자, 아니 원자를 이루는 더 작은 입자들도 모두 다 자신의 존재신호를 내보낸다고 보아야 마땅하다. 우리는 왜 그들의 존재를 모른 채 지내왔을까?

사실 우리는 그런 신호가 실제로 존재하는지 아직도 확신하지 못하고 있다. 중력의 신호입자는 '중력자'graviton라는 이름이 붙어 있다. 그 입자는 질량이 없는 입자로서 광속으로 전파된다고 그 특징까지 알려져 있지만, 아직도 그 입자의 존재는 확인된 바가 없다. 가끔씩 우주에서는 최후를 맞은 별의 폭발이 관측된다. 그 현상은 '초신성'supernova이라 불리는데, 지금부터 1000년 정도 전에 커다란 초신성현상을 관측했다는 기록이 중국의 사료에 남아 있다. 그 잔해가 지금의 '게성운'crab nebula으로 알려져 있다. 현재로서는 그런 초신성이 생길 때에는 우리가 측정할 수 있을 정도의 중력자가 방출되지 않을까 생각되며, 세계 여러 곳에 관측장치를 만들어놓고 기다리는 상태다.

그런데 입자간에는 서로 중력만 작용하는 것이 아니라 전기력도 작용한다. 또 핵을 이루는 양성자나 중성자 같은 것들끼리는 짧은 거리에서만 작용할지라도 핵력도 작용한다. 전기력이나 핵력도 중력과 마찬가지로 그 힘을 전달하는 신호입자가 있어야 할 것 아닌가? 전기를 띤 입자가 내는 자신의 존재신호는 우리가 잘 아는 '광자'임이 밝혀졌다. 광자는 질량이 없는 전자기파(빛) 파동이다. 또 핵자가 내는 신호는 '중간자'라 이름 붙여졌으며, 상당한 질량을 갖는 입자임이 밝혀졌다.

우리가 실제 눈으로 볼 수 없고 느낄 수 없어도, 우리 우주의 모든 물질들은 끊임없이 자신의 신호를 내보내고 또 받아들인다. 미시적인 눈으로 우주를 바라본다면, 우리 우주는 얼마나 복잡하게 얽혀 있는가?

조금만 더 알려주세요! 〔?〕 **중력신호의 빠르기** 상대성이론에 의하면 어떤 신호도 광속보다 빠를 수는 없다. 따라서 중력의 신호도 광속보다 빠를 수는 없다. 우주의 저 먼 별과 나 사이에 작용하는 힘은 그 별로부터 '오래전에' 출발한 신호에 의해 결정되며, 따라서 '지금' 그 별이 어디에 있는지는 알 수 없다.

조금만 더 알려주세요! 〔…〕 **만유인력과 전기력의 특성** 갈릴레오는 물체가 무게에 상관없이 모두 같은 빠르기로 떨어진다는 것을 발견했다. 그러나 왜 모든 물체들이 똑같은 빠르기로 떨어지는지를 설명할 수 없었다. 상식적으로 무거운 수레를 가벼운 수레와 같은 빠르기로 끌려면 더 큰 힘을 주어야만 한다. 그러므로 갈릴레오는 무거운 물체일수록 더 큰 힘을 받는다는 사실을 발견한 것이었다. 갈릴레오의 이러한 의문은 뉴턴에 의해 해결되었다. 뉴턴은 모든 물체가 같은 가속도로 떨어진다는 사실에서 물체에 작용하는 중력은 물체가 가진 '질량'에 '정확히 비례한다'는 사실을 발견한 것이다. 질량은 물체의 관성의 크기를 나타내는 양이다.

뉴턴은 또한 달의 운동을 분석하여, 달이 지구가 끄는 힘에 의해 운동한다면 달에 작용하는 힘은 달을 지구 표면에 가져다 놓았을 때의 약 1/3600밖에 안된다는 것을 알게 되었다. 그런데 달까지의 거리는 지구 반지름의 약 60배였으므로, 만유인력의 크기는 거리의 제곱에 반비례함을 깨달았던 것이다. 뉴턴은 이로부터 달이 지구를 도는 운동을 하는 이유가, 사과가 떨어지는 것과 마찬가지로 중력 때문임을 깨달았다.

질량에 비례한다는 사실은 물체에서 나오는 신호의 양이 질량의 크기에 비례함을 뜻하며, 또 거리의 제곱에 반비례한다는 것은 그 신호가 빛처럼 피져니감을 뜻한다고 할 수 있다(전등에서 나오는 빛의 세기는 전등으로부터 두배 멀어지면 1/4로 줄고, 세배 멀어지면 1/9로 줄어든다).

뉴턴은 만유인력의 존재를 발견하고 그 특성도 알아내었지만, 중력의 세기가 '왜' 질량의 크기에 비례하는지 설명할 수는 없었다. 아인슈타인은, 지구에 있는 엘리베이터를 중력이 없는 우주 공간에서 중력가속도 크기의 가속도로 끌고 간다면, 그 속의 모든 물체가 같은 중력가속도로 떨어질 것이라 생각했다. 즉, 그 속의 사람들은 자신이 지구에 있는지 우주 공간에서 가속되는 계에 있는지 어떤 방법으로도 구별할 수가 없다는 것이다. 이것이 일반상대성이론의 기본 가정인 '등가성 원리'equivalence principle다.

자연은 어떻게 변화에 저항하는가

불에 대한 이야기에서 불에 타는 현상이 연쇄작용이라는 것을 다루었다. 연쇄작용이란 하나의 사건이 계기가 되어 다른 사건들이 계속 일어나도록 부추기는 것인데, 이런 일은 자연에서 흔치 않은 현상이다. 대부분의 자연현상은 변화에 저항하는 경향을 띠는데, 이런 특징이 자연을 안정된 상태로 유지한다고 할 수 있다. 변화에 저항하는 가장 평범한 예는 바로 물체가 가지는 '관성'이다. 물체에 힘을 주어 운동시키려 하면, 무거운 물체일수록 쉽게 움직이려고 하지 않는다. 그러나 일단 운동을 시작한 다음에는 쉽게 멈추려 하지도 않는다.

우리는 생활 속에서 매일같이 관성을 경험한다. 무거운 기차는 관성이 커서 장애물을 보고도 쉽게 멈추지 못한다. 관성은 특히 바다를 항해하는 배에서 잘 드러난다. 예컨대 작은 배는 작은 풍랑

에도 쉽게 위험에 처하지만, 큰 배는 웬만한 태풍을 만나도 별문제가 없을 정도로 안전하다. 비행기의 경우도 마찬가지여서, 큰 비행기는 웬만한 기류 변화에도 쉽게 흔들리지 않지만 작은 비행기의 경우는 그렇게 강하지 않은 기류일지라도 큰 위협이 될 수 있다.

이런 이유로 사람들은 안전을 위해 더 큰 배와 더 큰 비행기를 선호하게 되었다. 그러나 그러한 큰 물체는 관성이 너무 커 운동 방향을 쉽게 바꿀 수 없다는 문제가 있다. 아주 큰 배를 만들고 움직일 수 있는 기술을 갖게 된 20세기 초, 사람들은 타이태닉^{Titanic}(그 이름 자체가 거대함을 뜻한다)호라는 거대 호화여객선을 만들었다. 그 배는 강한 증기기관을 달아 속도도 매우 빨랐다. "이 배는 너무나 안전하게 건조되어서 하느님도 이 배를 침몰시킬 수 없을 것이다"고 선장이 호언하기까지 했던 그 배는 첫 항해에서 북대서양의 얼음덩이를 피하지 못하고 부딪쳐 침몰하고 말았다.

우리 세계에 있는 물질들은 각각 다른 특성이 있다. 탄성의 차이에 따라 단단한 물체도 있고 무른 물체도 있다. 그러나 어떤 물체든 공통점이 있는데, 그것은 자신의 모양을 변화시키려는 변형력에 언제나 저항한다는 것이다. 물체를 압축하려고 하면 물체는 압축하는 힘에 반대되는 힘으로 저항하고, 팽창시키려 해도 마찬가지다.

물체가 변형력에 대응하여 원래 상태를 유지하려고 하는 힘은, 변형력이 그리 크지 않은 한, 물체가 어느정도 크기로 변형되는가에 따라 놀라우리만큼 정확히 비례한다. 가장 단단하다는 다이아몬드를 포함해 이 세상에서 변형되지 않는 물체는 없는데, 단지 얼

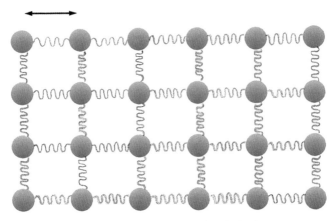

원자들은 전기력으로 뭉쳐 물체를 이루는데,
그 상태는 원자들이 마치 용수철로 연결된 것으로 볼 수 있다.

마나 쉽게 변형되는가의 차이가 있을 뿐이다. 물론 변형력이 너무 커지면 물체는 깨지거나 찌그러지는 등 그 형태가 아예 변해버리게 된다.

규칙적인 원자 배열은 가장 촘촘하게 원자가 배열되는 모양인데, 안정된 위치에서 크게 벗어나지 않는 한도 내에서는 원자들이 마치 용수철로 연결된 상태로 생각할 수 있다. 즉, 물체는 수많은 용수철로 연결된 원자집단으로 볼 수 있는 것이다. 물체를 찌그러뜨리려 하면 용수철들은 찌그러지며 변화에 저항하고 물체를 잡아 늘이려 하면 용수철들은 늘어나면서 변화에 저항하게 되므로, 물체는 용수철이 지닌 그런 특성을 갖게 되는 것이다. 이같은 물체의 탄성에 관한 특성은 광범위하게 언제나 성립하며 '훅Hooke의 법칙'이라 부른다.

전자기현상에서도 변화에 저항하는 경우가 있는데, 코일을 자석 근처에서 움직이려고 하면 코일에 전류가 생성되어 그 운동에 저항하려는 힘이 생긴다. 이를 '렌츠^{Lenz}의 법칙'이라 부른다.

조금만 더 알려주세요! ❓ **원자들은 용수철로 연결되어 있다** 다이아몬드건 고무줄이건 상관없이 모든 물체가 마치 용수철처럼, 변형의 크기에 비례하는 힘으로 변형에 저항하는 것은 왜 그럴까? 그 현상의 근원은 모든 물질들이 원자가 모여서 이루어졌으며 원자들의 배열은 규칙적으로 질서 정연한 모습을 보인다는 점에서 찾을 수 있다. 온도가 낮은 상태에서 물질은 고체가 되는데, 예를 들어 물이 고체가 되면 얼음이 된다는 말이다. 고체 상태에서는 원자들이 차곡차곡 쌓인 형태의 가장 밀집된 구조가 되는데, 3차원 공간에서 원자 또는 원자집단이 규칙적인 배열을 하는 형태는 오로지 14가지밖에 없음이 증명되어 있다.

마찰력이 없다면 얼마나 살기 힘들까

정지한 물체가 힘을 받으면 운동을 시작하거나, 정지해 있는 상태로 찌그러진다. 힘은 자연세계에서 일어나는 모든 변화의 원인이다. 우리가 경험하기에도 물체를 일정한 속도로 이동시키려면 힘을 계속 가해야 한다. "소가 수레를 일정한 속도로 끌고 가기 위해서는 일정한 힘으로 계속 끌어야만 하지 않는가?"라는 아리스토텔레스의 말은 흠잡을 데 없는 상식적 진리인 것이다. 그러나 이것이 잘못된 생각이라는 것을 깨달아 인류를 해방시킨 사람은 갈릴레오와 뉴턴이었다. 일정한 상태의 운동을 계속하는 데는 아무런 힘도 작용하지 말아야 한다는 것을 이들은 깨달았던 것이다.

그렇다면 수레를 계속 끌지 않을 때 수레는 왜 멈추게 되는가? 현대인은 누구나 "아, 그건 물론 마찰력 때문이지"라고 쉽게 대답할 것이다. 그러나 지금부터 몇백년 전 사람들 중에서 그런 대답을 할 수 있는 사람은 아무도 없었다. 마찰력의 존재를 처음 깨달은 사람은 갈릴레오로서, 그는 마찰력의 존재를 깨달음으로써 인간에게 '과학'이라는 새로운 세계를 열어주었다. 접촉하는 상태에서 작용하는 대부분의 힘과 마찬가지로 마찰력의 근원은 분자끼리의 전기력이다(마찰력이나 공기와 같이 언제나 존재하는 것의 존재를 깨닫기는 매우 어렵다. 우리는 그것이 없어진 뒤에야 그 존재를 깨닫게 되는 것이다).

마찰력은 언제 어디에서나 나타나므로, 우리는 마찰력이라는 것이 있다는 사실을 깨닫지 못할 뿐 아니라 그것이 얼마나 필요한 힘인지도 인식하지 못하게 된다. 마찰력은 운송수단에 쓰이는 에너지의 많은 부분을 소모시킴으로써, 우리 세계에서 에너지를 불필요하게 낭비시키는 주범이다. 그렇다고 마찰력이 없는 세계가 우리에게 더 편리할 것인가?

매우 미끄러운, 마찰력이 없는 세계에서의 생활은 어떨지 상상해보자. 우선, 바닥면이 너무 미끄러우면 우리는 걸을 수 없다. 기름이 뿌려진 미끄러운 얼음판에 서 있을 때, 거기서 빠져나올 수 있는 방법이 있겠는가? 걸을 수도 없지만 기어나올 수도 굴러나올 수도 없다. 또 모든 것이 너무 미끄러워 물체를 쥐거나 옷을 입고 있는 것도 불가능해진다.

따라서 마찰력이 없는 세계는 너무나 불편해서 우리가 살아가기에 거의 불가능한 세계임을 알 수 있다. 다행히 자연세계에서 마찰력은 너무 크지도 않고 너무 작지도 않은 적당한 크기다. 즉, 대부분의 경우 마찰력 때문에 너무 끈적끈적하지도 않고 너무 미끄럽지도 않다. 움직이는 모든 물체를 결국은 멈추게 만드는 마찰력은 우리에게 얼마나 필요한 힘인가!

마찰력의 근원은 분자끼리의 전기력이다. 즉, 마찰력은 물질이 전기를 띤 입자들로 이루어졌기 때문에 생기는 것이다. 자연은 전기의 힘을 이용하여 우리에게 매우 좋은 선물을 주었던 것이다.

조금만 더 알려주세요! 💬 **뉴턴의 운동방정식** 뉴턴의 운동방정식은 아마도 과학에서 가장 유명한 방정식이 아닐까 생각된다. 운동방정식이 무엇인지 물어보면 대부분 사람들은 "F=ma"라고 대답한다. 즉, "물체의 질량에 가속도를 곱한 값은 힘과 같다"라는 것이다.

이러한 대답이 틀렸다고 할 수는 없으나, 확실히 무책임하고 이해하기 어려운 것이다. 왜냐하면 이 방정식에 나오는 힘, 질량, 가속도 같은 것들은 이해하기 어려운 양이기 때문이다. 그중에서도 자연현상의 변화에 직접 영향을 주는 '힘'은 다루기 매우 껄끄러운 양으로 유명하다. 운동을 기술하기에는 효율적인 형태를 띠면서 힘을 그런대로 구체화한 표현이 운동방정식인데, 공식 명칭은 뉴턴의 운동 제2법칙이다. 질량이라는 어려운 개념을 잠시 제쳐두면, 운동법칙의 근본적인 개념은 다음과 같이 표현할 수 있다. "물체의 가속도는 그 물체에 작용하는 힘에 비례한다." 이 표현에는 '질량'이라는 이해하기 어려운 양이 들어 있지 않으므로 이해하기가 좀 나은 편이다. 그래도 보통 사람은 이 표현을 쉽게 이해하기 힘들다. 마찬가지로 이해하기 어려운 '가속도'라는 양이 들어있기 때문이다. 운동방정식의 의미를 단계적으로 더욱 친절하게 표현한다면, "일정한 힘이 작용하는 물체의 가속도는 일정한데, 그 가속도 방향은 힘의 방향과 같으며, 그 가속도의 크기와 힘의 크기는 비례관계이다"라고 나타낼 수 있다. 이 세 가지 사실을 증명하거나 깨닫는 데는 많은 노력과 실험이 필요하다. 뉴턴의 위대한 점은 이러한 사실을 인간으로서는 처음으로 깨달았다는 데 있다.

조금만 더 알려주세요! **강력한 힘과 무기의 역사**   사실상 현대과학의 시대를 열었다고 볼 수 있는 뉴턴의 운동법칙 발견은 '힘'이라는 것의 정체가 무엇인지에 관한 깨달음이라고 할 수 있다. 힘이라는 것이 운동 상태를 변화시킨다는 것은 쉽게 알 수 있지만, 그걸 무어라 딱히 정의하기는 어려운데, 뉴턴은 가속도라는 개념을 도입해 힘을 기술했다고 볼 수 있다. 힘이 운동 상태를 변화시키기도 하지만, 또한 힘은 물체를 변형시키고 더 심하게는 파괴하는 역할도 한다.

인간의 역사는 투쟁의 역사라고도 볼 수 있는데, 전쟁은 그런 투쟁의 극단적 행위다. 그리고 전쟁에서는 적에게 강력한 타격을 줄 수 있는 강한 힘이 필요한데, 그런 의미에서 전쟁에서는 강한 힘을 작용할 수 있는 무기의 중요성이 매우 커진다. 석기 시대로부터 청동기, 철기 시대를 지나는 역사를 보면 새로운 무기를 가진 쪽이 언제나 지배자가 되었으며, 그 새로운 무기란 물론 더 강한 물리적 힘을 발휘하는 것들이었다.

뉴턴의 운동법칙은, '물체가 더 무겁고, 더 단단하고 더 **빠를수록**' 강력한 힘을 작용한다고 말해준다. 즉, 무거울수록 그리고 단단한 쇠로 만들수록 그리고 더 빠르게 내려칠수록 더 큰 힘을 발휘할 수 있다. 철은 청동보다 단단하기 때문에 청동기 문명이 철기 문명에 밀려 쇠퇴하게 되었던 것이다.

더 빠른 물체일수록 강력한 힘을 작용한다는 점을 이용한 무기는 석궁이나 화약을 이용한 총과 대포다. 진시황이 중국을 통일한 힘은 발을 이용해 더 빠른 화살을 발사하는 장치인 석궁이었고, 일본을 통일하고 조선을 침공한 토요또미 히데요시의 힘은 조총이었는데, 그런 무기들은 빠른 물체가 강력한 파괴력을 가진다는 점을 이용한 것들이다. 한때 유럽을 통일했던 나폴레옹의 힘의 원천인 대포도 그런 점을 이용한 무기다. 당시 유럽은 견고한 성을 만들어 방어하는 형태의 전략을 사용했는데, 그 경우 성문은 매우 견고하게 만들어져 있었다. 대포가 발명되자 나폴레옹은 대포를 이용하면 성문을 부수는 것이 어렵지 않음을 깨달았다. 나폴레옹이 군이 무거운 대포를 끌고 험준한 알프스 산맥을 넘었다는 일화는 그런 필요성에 의한 것이었다. 한편 프랑스의 영웅 잔 다르크도 대포를 즐겨 사용한 것으로 알려져 있다. 그런 이유로 새로운 무기를 이용하는 세력이 구식 무기를 가진 적을 제압할 수 있다는 사실을 '잔 다르크 신드롬'이라고 부르기도 한다.

달은 어떻게 지구를 돌 수 있는가

청산리 벽계수야 수이감을 자랑 마라

일도 창해하면 다시 오기 어려워라

명월이 만건곤하니 쉬어감이 어떠리

이 시조는 1500년대 송도 ^{지금의 개성} 기생 황신이가, 제면을 중시하고 위선적인 조선시대의 양반 벽계수를 골탕 먹일 때 지은 것이라 전해진다. '밝은 달'이라는 뜻의 '명월明月'은 황진이의 기명妓名이고, '푸른 계곡물'이라는 뜻을 가진 '벽계수碧溪水'는 아마도 어느 양반의 별명이었던 것 같다.

예로부터 달은 인간세계와 밀접한 인연을 맺어왔다. 동양철학의 중심인 음양론陰陽論에서 음은 바로 달을 나타낸 것이다. 달은 하루에 두번 조수현상을 일으키고, 그로 인해 해안선은 침식되어 변화하며, 바닷물의 흐름으로 인해 해안가에서 여러 변화가 생기게 된다. 달에 의한 조수현상이 없었다면 우리 환경은 지금보다 훨씬 변화가 없는 죽은 세상이었을 것이다.

어떤 진화설에 따르면, 인간은 바다에 살던 생명체가 육지로 올라온 것이라 한다. 그 근거 중 하나가 인간의 피의 염분 농도가 바닷물의 염분 농도와 비슷하다는 점이다. 생명체에 물은 매우 필수적인 것이므로 이런 주장이 근거없는 것은 아니리라. 어찌 되었건 달은 우리 인간에게 태초부터 큰 영향을 주어왔는데, 동양에서는 태양의 운동을 기준으로 한 양력과 더불어 아직도 달의 운동을 기준으로 한 음력도 많이 사용하고 있다. 유럽의 전설에서 전해 내려오는 '드라큘라'나 '늑대인간' 같은 존재들은 언제나 보름달이 뜨는 날에 나타나는 것으로 설정되는데, 이것은 달이 인간의 신체리듬에 영향을 준다고 사람들이 생각해왔음을 뜻한다.

달은 지구에 딸린 위성이다. 달은 해가 진 밤에 미약하나마 빛을 주는 등 우리 생활에 많은 영향을 주어왔다. 달은 어떻게 만들어져 지금처럼 지구 주위를 돌고 있을까? 모든 물체는 중력 때문에 결국은 지구 표면으로 떨어진다. 그러므로 달이 지구로 떨어지지 않고 지구 둘레를 계속 돌 수 있는 것은 이해하기 어려운 일이다.

어떤 물체가 지구가 끌어당기는 힘을 받아도 떨어지지 않고 지구 주위를 돌 수 있다는 사실을 처음으로 깨달은 사람은 뉴턴인 것 같다. 그 사실을 깨달음으로써 뉴턴은 만유인력이라는 개념을 생각해냈던 것이다. 달은 어떻게 해서 떨어지지 않는가?

달은 사실 떨어지지 않는 것이 아니라 공중의 돌이 떨어지듯이 끊임없이 떨어지고 있다. 떨어지는 운동이 어떻게 우리에게는 항상 같은 높이에 있는 것으로 보이는가? 그것이 어떻게 가능한지 뉴턴이 생각한 대로 따라가보자. 높은 산 위에 올라가 수평으로 돌을 던지는 상황을 가정하면, 던져진 돌은 얼마 후면 결국 땅으로 떨어질 것이다. 그러나 더 빠르게 던지면 더 멀리 가서 떨어진다. 그런데 지구는 둥글기 때문에, 더 빠르게 던지면 결국 제자리로 돌아올 수도 있지 않겠는가! 이런 생각에 바탕을 둔 사고모델을 뉴턴의 인공위성이라 부르는데, 뉴턴은 오래전 이미 자신만의 인공위성을 쏘아올릴 수 있었고, 달은 인간이 아닌 자연이 만든 위성이었던 것을 깨달았던 것이다.

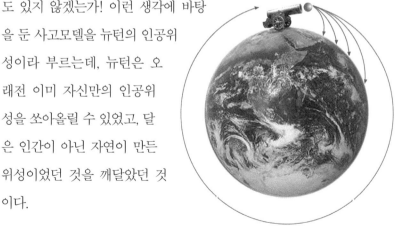

문제는, 인공위성이 되려면 수평으로 던지는 물체의 속도가 특정한 어떤 빠르기가 되어야 한다는 점이다. 지구 표면에 달라붙어 날아가는 인공위성은 지표면에 대해 초속 약 11킬로미터로 던져져야만 한다. 이보다 더 느리면 결국 지구 표면으로 추락하고, 이보다 더 빠르면 원궤도가 아닌 타원궤도로 돌거나 아예 지구를 탈출해 우주 저쪽으로 날아가버릴 것이다.

달은 거의 완전한 원궤도를 따라 도는 것으로 알려져 있다. 그렇다면 누가 그렇게 '거의 원궤도가 되도록 달을 던졌는가'라는 의문이 생기게 된다. 이런 의문은 달뿐 아니라 태양을 도는 지구에도 해당된다. 지구도 태양 주위를 거의 완전한 원을 그리며 돌기 때문이다. 그러나 더 넓게 보면 지구뿐 아니라 수성·금성·화성 등 태양계의 다른 행성들도 모두 거의 완전한 원을 그리며 운동한다는 사실이 알려졌다. 달이나 태양이 거느린 행성들은 '매우 정확한 빠르기'로 던져졌던 것이다.

이런 의문에 답하려면 달이 어떻게 만들어졌으며, 또한 지구와 같은 행성들이 어떻게 태어났는지부터 생각해야 할 것 같다. 태초에 태양이 막 태어나 회전운동을 시작할 때 떨어져나간 불덩이의 하나가 지구로, 그리고 지구가 불덩이인 상태로 회전할 때 지구의 일부가 떨어져나가 달이 되지 않았을까? 아마도 당시 매우 큰 별똥별이 지구의 한쪽에 부딪쳐 한 덩어리를 떼어놓았을지도 모른다.

조금만 더 알려주세요! 💬 **힘과 운동방향의 관계** 정지한 물체에 힘을 주면 그 물체는 물론 힘의 방향으로 가속되고 운동한다. 따라서 우리는 '물체는 힘의 방향으로 운동한다'는 생각을 가지게 된다. 그런 생각 때문에 먼 옛날 사람들은 하늘의 별이나 달을 천사들이 뒤에서 민다고 생각했다. 그러나 운동하는 물체에 힘을 가하는 경우 물체가 반드시 힘의 방향으로 운동하지는 않는다.

사실 물체의 운동방향과 힘의 방향과는 아무 상관이 없으며, 물체는 힘과 수직 방향 또는 반대 방향으로도 운동할 수 있다. 예를 들어 공중으로 던진 공은 운동 중에 오직 중력만 받지만, 올라가는 동안 중력과 반대 방향으로 운동한다. 힘의 방향은 물체의 '속도변화량' 방향인 '가속도' 방향과 같을 뿐이다. 원운동에서와 같이 물체가 자신을 당기는 방향이 아닌 게걸음처럼 항상 옆으로만 운동할 수도 있다는 것은 흥미롭다. 뉴턴은 하늘의 천사들이 달을 뒤에서 밀지 않고 지구 쪽으로 밀고 있다는 것을 깨달았던 것이다.

천체들은 모두 빙빙 도는 운동을 한다

우리 태양계가 어떻게 만들어졌는지 알 도리는 없다. 태양계의 역사는 50억년 정도라 생각되는데, 태양이 만들어지고 난 후 무슨 일이 벌어졌는지는 과학적 추리로만 상상할 수 있기 때문이다.

흥미로운 사실은, 태양과 지구 등 모든 천체가 어떤 형태로든 스스로 회전하는 자전운동을 한다는 점이다. 우주를 채운 수소기체가 만유인력으로 뭉쳐 별을 만드는 것은 쉽게 상상할 수 있는 일이지만, 그렇게 만들어진 별들은 어떻게 자전운동을 하게 되었을까? 또 지구와 같은 태양계의 떠돌이별^{행성}들은 어떻게 만들어지게 되었을까?

아마도 태양이나 지구가 처음 만들어진 상태에서는 자전운동을 하지 않았을 것 같다. 그래야 할 이유가 없기 때문이다. 따라서 우리는 그 원인을 태양계 밖에서 찾아야만 할 것 같다. 즉, 우주로부터 오는 별똥별이 태양이나 지구와 부딪쳤을 가능성 말이다. 커다란 운석이 태양의 가장자리 쪽으로 치우쳐 부딪치게 되면, 아마도 그 부분이 떨어져나갔을지도 모른다. 그리고 그 조각들은 흩어져 태양 주위를 도는 행성이 되었으리라. 그런 시나리오에 의하면, 태양이 왜 회전운동을 하게 되었는지도 설명될 수 있다. 태양계 행성들의 궤도는 거의 모두 한 평면 위에 있다. 이것은 모든 행성들이 단 한번의 충돌로 만들어졌을 것으로 추정하게 만든다.

그렇게 만들어진 행성들이 자전운동을 하는 이유는 또다른 설명을 필요로 한다. 지구가 자전하는 것에도 태양으로부터 떨어져 나올 때부터 자전운동을 시작했을 가능성과 또다시 운석이 지구 한 귀퉁이에 부딪쳤을 가능성 두 가지가 있을 것이다. 달이 어떻게 만들어졌는지 설명하려면, 두 경우 중 운석에 부딪쳤을 가능성이 더 적절해 보인다. 지구가 태양에서 떨어져나와 아직도 뜨거운 불덩어리 상태에서 커다란 운석에 맞아 자전도 하게 되고, 또 그 조각이 달이 되지 않았을까? 더욱 오묘한 것은, 지구의 자전축이 태양의 공전면과 약 23.5도 기울어져 있다는 사실이다. 지구가 별똥별에 비스듬

하게 맞았다면 이런 결과까지 가능할 수 있다.

우리의 하루는 24시간이고, 그것은 지구가 24시간에 한 바퀴씩 자전한다는 것을 뜻한다. 즉, 자전운동이 운석에 의한 것이라면, 우리의 하루 길이는 매우 우연히 정해진 것이다. 또 지구 자전축이 기울어져 있기 때문에 태양 주위를 공전하는 지구에는 여름과 겨울이라는 계절도 가능하게 된다. 그리고 지구의 공전주기인 365일도 매우 우연히 정해진 것이다. 그리고 지구에 태어난 모든 생물은 이런 시간 스케일에 맞게 진화해왔을 것이다.

이런 상상들은 모두 증명될 수 없는 추측이다. 그러나 이런 오묘한 우연들에 의해 지구에 낮과 밤이 생기고 또 계절이 만들어졌다!

자연세계는 원운동과 진동운동으로 이루어져 있다

지구나 달의 운동과 같은 거시적 세계의 천체운동은 원운동이다. 원운동을 함으로써 달은 지구에 끌려와 지구와 한 덩어리가 되지 않고 지금처럼 공전을 할 수 있으며, 마찬가지로 지구와 같은 태양계의 행성들도 태양으로 빨려들어가지 않고 지금의 태양계 형태를 유지할 수 있는 것이다.

태양도 사실은 은하계라 부르는 별의 집단에 속한 하나의 별일 뿐이다. 태양이 속한 우리 은하계에는 태양과 비슷한 수많은 별들이 있는데, 그 별들 사이에도 중력이 작용하여 은하계 전체가 한

덩어리의 '거대한 별'이 될 가능성도 있다. 그러나 다행히도 은하계의 별들은 서로의 상대적 위치를 유지한 채 어떤 점을 중심으로 회전하면서 지금의 은하계를 이루고 있다. 은하계에는 태양계의 태양과 같은 중심이 되는 별은 없지만, 별의 집단은 은하계의 한 점을 중심으로 원운동함으로써 별들이 뭉치지 않고 은하계로 존재하고 있는 것이다(그런 중심이 되는 점을 질량중심이라 한다).

　　우리 은하계 같은 은하계들도 서로 모여서 은하단을 이룬다고 한다. 그 은하단끼리도 서로 일정한 거리를 유지하는데, 그 이유도 물론 은하단을 이루는 은하들이 어떤 점을 중심으로 회전하는 운동을 하기 때문이다. 은하단들은 또 모여 초은하단이라는 집단 형태로 존재하는 것으로 알려져 있다. 즉, 우주를 이루는 천체들은 원운동을 통해 현재의 우주 상태를 유지하는 것이다.

　　태양과 같은 천체를 생성시킨 힘이나, 그런 천체들간에 서로 작용하여 원운동 같은 운동으로 현재의 우주 모양을 유지하게 만드는 힘은 모두 중력이지만, 우리 주위의 여러 가지 물체들이 존재하는 이유는 전기력 때문이다. 돌덩어리, 플라스틱, 나무조각 등 주위의 모든 물체들을 이루는 원자들은 전기적 힘으로 서로 뭉쳐 있는 것이다. 앞에서 다룬 것처럼 물체를 이루는 원자들끼리는 마치 용수철로 묶인 것처럼 서로 연결되어 있는데, 용수철에 달린 물체는 우리가 잘 알듯이 진동운동을 한다. 그 진동운동은 미시세계의 모든 입자들에 공통되는 운동으로, 시간에 따른 위치를 수학적으로 나타내면 사인함수라 부르는 아름다운 곡선 모양으로 운동한다. 그래서

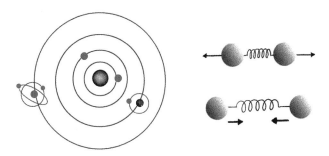

자연세계의 운동은 천체의 운동 같은 원운동이거나,
원자의 운동 같은 진동운동으로 이루어져 있다.

'조화운동'harmonic motion이라 불리기도 한다. 즉, 미시세계에서의 원자운동은 사실상 모두 조화운동이라 부르는 진동운동이다.

원운동과 조화운동은 매우 다른 운동처럼 보이지만, 두 종류 운동 사이에는 놀랄 만한 유사점이 있다. 원운동하는 물체가 운동하는 평면 위치에 눈을 두고 보면 원운동은 단지 왔다갔다하는 직선운동처럼 보이게 되는데, 그 진동운동은 흥미롭게도 조화운동이다. 즉, 원운동의 그림자운동은 조화운동과 같다고 말할 수 있다.

용수철에 매달려 진동하는 물체는 어떤 일정한 진동수로 진동하는데, 그 진동수를 그 계의 '고유진동수'라 부른다. 예를 들어, 기타나 바이올린 같은 악기에 사용되는 줄은 그 굵기나 얼마나 강하게 당겨지는지에 따라 달라지는 자신만의 고유진동수를 가지는데, 그 진동수는 어떤 특정 진동수의 배수로 이루어진다. 줄이 아닌 3차원 물체는 여러 종류로 이루어진 더 복잡한 계로 볼 수 있고, 따라서 물체는 수많은 고유진동수를 가진 계로 볼 수 있다.

뒤에서 또 다루겠지만 원자는 전기를 띤 입자들로 이루어져 있고, 빛도 전기적 성질을 가진다. 그러므로 물질을 이루는 모든 원자들은 빛에 의해 끊임없이 간섭받아 조화운동, 진동운동을 하게 된다. 흥미로운 현상은 원자를 뒤흔드는 빛의 진동수가 물체의 고유진동수와 같아지는 경우에 생기는데, 그렇게 되면 공명현상이 생겼다고 말한다. 그네를 흔들 때 적당한 주기로 밀어주면 그네가 크게 흔들리듯이, 공명현상이 일어나면 진동의 진폭은 점점 커져 운동이 매우 활발해진다. 예를 들어, 앞에서 이야기한 것처럼 햇빛을 받으면 몸이 따뜻함을 느끼는 이유는 햇빛 속의 적외선 진동수가 우리 몸을 이루는 피부 세포 원자들과 공명현상을 일으키기 때문이다.

물체는 자신의 고유진동수와 일치하는 빛을 받으면 공명현상을 일으키지만, 그렇게 되어 진동하게 된 원자들은 전기를 띠고 있어 다시 또 그런 진동수의 빛을 방출하게 된다. 즉, 물체는 자신이 잘 흡수하는 빛을 잘 방출하기도 하는 것이다. 추운 겨울날 한방에 여러 사람이 모여 있으면 따뜻함이 느껴지는 것은, 각각의 사람들이 내는 원적외선 빛이 다른 사람들에게 잘 흡수되기 때문이다.

중요한 것은 안 보이는 데 있다.

쌩떽쥐뻬리 『어린 왕자』 중에서

제2부

눈에
보이지 않는
세계

제1장
전기, 모든 물질의 본성

우주의 모든 물질은 전하로 이루어져 있다

우리는 눈에 보이고 귀에 들리는 것만을 믿으려 한다. 사실 자신이 눈으로 직접 보지 못한 것에 대해 확신을 가질 수 있는 사람은 많지 않을 것이다. 우리는 눈에 보이고 귀에 들리는 사실들을 토대로 생활하고 있고, 그렇지 않은 것들에 대해서는 흔히들 생활하는 데 별로 중요하지 않다고 생각한다. 그런데 원자같이 눈에 보이지도 않는 작은 스케일의 세계에서 무슨 일이 일어나고 있는지 안다는 것이 우리에게 무슨 중요성이 있는 것일까?

그러나 알고보면 우리가 직접 경험할 수 없는 아주 작은 원자 크기의 세계나 아주 거대한 우주 스케일의 세계는 매우 흥미로운 세계이며, 또 그런 세계를 이해하는 일은 현내 과학기술 발전에 매우 중요하기도 하다. 우리가 살고 있으며 우리에게 익숙하고 친근한 공간 세계를 '중간계'라 이름 붙인다면, 원자 스케일의 '미시적 세계'나 우주 스케일의 '광대한 세계'는 이해하기 어려운 신비로움으로 가득 찬 세계다.

근래에 이르러서야 우리는 시간적으로나 공간적으로 광대한 우주를 이해하려고 하는 과정에서 시간과 공간이 서로 분리될 수 없게끔 얽혀 있다는 사실을 깨닫게 되었다. 약 100년 전 아인슈타인이 상대성이론을 발표함으로써 시작된 이같은 생각은 사실 보통 사람들이 경험적으로는 이해하기 어렵다. 이처럼 상대성이론의 세계를 이해하기 어려운 근본적 이유는 "'절대적' 3차원 공간 세계에서 누구에게나 공평하게 '절대적'으로 흘러가는 것처럼 보이는 시간" 속에서 살아가는 우리 인식의 한계에 있다. 그럼에도 불구하고 시간과 공간이 얽혀 있다는 사실은, 광대한 우주뿐 아니라 미시적 원자세계를 이해하는 데도 큰 도움이 되었다. 즉, 아주 크거나 아주 작은 극한에서는, 우리가 생활하는 보통 크기의 세계인 '중간계'에서 상상하기 어려운 이상한 일들이 벌어지고 있지만, 상대성이론이나 양자론을 통해 일부나마 그 세계를 이해할 수 있게 된 것이다.

미시적 세계나 거시적 세계에 대한 이야기는 뒤로 미루기로 하고 우리에게 친근한 중간계에 대한 이야기부터 먼저 하기로 하자. 경험으로 터득한 사실들을 통해 우리는 주위의 자연현상을 잘 이해하고 있다고 생각한다. 그러나 알고보면 그렇지도 않다. 많은 사람들은 잘 인식하지 못하지만, 중력에 의해 물체가 떨어지는 현상을 제외하고 우리가 사는 지상세계에서 일어나는 물리현상들은 사실상 대부분 전기현상에 의한 것이다. 그럼에도 불구하고 지금부터 몇백 년 전 정도까지도 우리는 전기적 세계에 살고 있다는 것을 모른 채로 살아왔다. 그리고 현대에 와서도 그렇다. 예를 들어, 햇빛을 쬐면 피부가 따뜻해지는 것이 사실은 햇빛의 본성인 전자기진동이 전기로 이루어진 피부의 원자들을 뒤흔드는 현상임을 아는 사람은 몇 되지 않을 것이다.

사실상 보는 것과 듣는 것, 피부로 느끼는 것 등 우리의 모든 감각은 전기를 통하여 이루어진다. 신체의 감각작용뿐 아니라, 물체끼리 부딪치는 것 등의 현상도 전기적 현상이다. 이것은 물론 모든 물질이 전기로 이루어져 있기 때문이다.

물질을 이루는 궁극적 기본 입자가 무엇인지를 밝히는 것은 아마도 인류의 영원한 숙제일 것이다. 그러나 확실하고도 흥미로운 것은, 모든 기본 입자들이 음$^-$이나 양$^+$으로 나타낼 수 있는 전기를 띤다는 점이다. 예컨대 우리는 전자는 음전기를 띠고, 양성자는 양전기를 띤다고 말한다. 반면에 원자핵 속에 들어 있는 중성자는 전기를 띠지 않는 것처럼 보인다. 그러나 중성자도 더 작은 단위로 보면 역시 전기를 띤 더 작은 기본 입자로 이루어져 있다.

우주의 모든 물질은 100개 정도의 원자로 이루어져 있으며, 그중에서도 대부분은 수소원자로 이루어져 있다. 원자는 핵이라 부르는 작은 양전하 덩어리와 전자라 부르는 음전하로 구성되어 있다. 원자핵의 크기는 매우 작아서 그 지름을 1이라 하면 원자의 지름은

10만 정도나 된다. 따라서 부피로 말하면 핵은 원자 부피의 1000조 분의 1에 불과한 공간을 차지할 뿐이다. 원자의 크기가 100억분의 1미터 정도임을 고려하면 핵이 얼마나 작은지 짐작할 수 있다.

양성자나 전자와 같이 전기를 띤 입자들을 전하라 부르는데, 전하들끼리 작용하는 힘은 서로 당기기만 하는 중력과는 달리 서로 당기기도 하고 밀어내기도 한다. 원자에는 같은 수의 양성자와 전자 가 있어 정상적 상태에서는 마치 전기를 띠지 않은 것처럼 보인다. 그러나 보기와는 다르게 우리 세계에서 일어나는 거의 모든 현상은 원자의 전기적 성질에 기인한 것이다.

질량을 가진 지구가 질량을 가진 달을 끌어당기듯이, 전하들 사이에서는 서로 밀거나 당기는 힘이 작용한다. 질량을 가진 물체들 이나 전하들 사이에 어떤 방법으로 힘이 작용하는 것일까? 하나의 전하는 다른 전하의 존재를 어떤 방법으로 인식하여 그것과 힘을 주 고받을까?

힘을 주고받는 두 전하 사이에는 어떤 정보교환이 있다고 볼 수 있다. 이 정보교환이 순간적으로 이루어지는지, 아니면 얼마의 시 간이 걸리는지는 쉽게 알아내기 어렵다. 그러나 한 전하가 이동했을 때 그 사실을 다른 전하가 알아내기까지는, 빛의 속력으로 두 전하 사이를 여행하는 데 걸리는 시간이 필요하다는 것을 과학자들은 알 게 되었다. 이것은 전하로부터 나오는 신호가 빛의 형태로 전파됨을 의미한다. 즉, 모든 전하는 끊임없이 자신의 존재를 알리는 신호를 보내고 있으며, 그 신호는 빛이나 그 비슷한 형태라 짐작할 수 있다.

마땅히 증명할 길은 없어 보이지만, 우주 속에 존재하는 모든 물질의 총전하량은 0인 것 같다. 왜냐하면 물질을 구성하는 원자 하나하나가 모두 전기적으로 중성이기 때문이다.

자연이 전기를 띠고 있다는 것을 왜 몰랐을까

인간은 몇백 년 전까지도 우리가 사는 세상이 전기적 세상임을 모르고 살아왔다. 우리 몸뿐만 아니라 나무나 풀, 흙과 바위 등 주위의 모든 물질이 전기를 띤 전하들로 이루어져 있는데도 자연은 철저하게 자신의 본성을 숨겨온 것이다.

원자의 구조는, 양전기를 띤 무거운 원자핵 주위를 가벼운 전자들이 춤추며 날아다니는 모양으로 생각할 수 있다. 원자가 양전하인 양성자와 음전하인 전자로 이루어진 것이 발견되었을 때, 우리는 지구가 태양을 돌듯이 전자들도 핵 주위를 원이나 타원을 그리며 돈다고 생각했다. 서로 끄는 힘은 원운동을 가능하게 하기 때문이다. 그러나 이 생각의 문제점이 곧 드러나게 되었다. 전하가 가속도운동인 원운동을 하게 되면 에너지 덩어리인 빛을 낼 수밖에 없으며, 그렇게 되면 에너지를 소모한 전자가 원운동을 계속할 수 없기 때문이다. 마치 지구 주위를 도는 인공위성이 아주 작은 정도지만 대기의 저항으로 점점 속력이 느려져, 언젠가는 떨어지는 것과 마찬가지다.

전기적으로 중성인 달은 원운동을 하면서 에너지를 잃지 않으므로 그 궤도를 유지할 수 있지만, 전기를 띤 원자 속의 전자는 빛을 발생시키기 때문에 에너지를 소모해서 그럴 수가 없는 것이다. 따라서 전자가 어떻게 핵 속으로 빨려 들어가지 않을 수 있으며, 어떻게 그 상태로 남아 있을 수 있는지, 그래서 그것들로 이루어진 물질세계가 어떻게 지금처럼 존재하는지는 20세기 초 우리가 풀 수 없는 최대 과제가 되었다. 인간은 오랫동안 그 문제를 생각해왔지만, 그것은 오늘날 우리 능력의 한계를 벗어난 문제로서 인간이 해결할 수 없는 것이라고 생각하게 되었다.

"원자는 왜 존재하는가"라는 의문은 과학이 아닌 철학의 문제다. 그러나 과학은 "원자는 어떻게 존재하는가"라는 의문조차도 해결할 수 없는 처지에 빠지고 말았다. 양자론이라 불리는 현대과학은, 전자가 어떤 운동을 하는지 알 수 없다고 선언한 상태에서 시작되었다. 그러나 전자가 어떻게 운동하는지는 몰라도 우리가 알게 된 확실한 사실은, 전자들이 부지런하게 춤추며 돌아다녀 그 분포가 마치 핵을 둘러싼 공 모양과 같다는 것이다. 또 다르게 비유하자면, 전자들은 외부에서 볼 때 핵이 보일세라 있는 힘을 다해 부지런하게 핵 주위를 골고루 순찰하고 있는 셈이다.

그런데 흥미로운 것은, 전자들의 분포가 공처럼 되어 있기 때문에 원자 밖에서 보면 원자가 전기를 띠지 않은 것으로 보인다는 점이다. 전기력은 거리의 제곱에 반비례한다. 그런 경우 전하가 고르게 공처럼 분포되면, 그러한 분포는 밖에서 볼 때 마치 전체 전하가 공 중심에 뭉친 것과 같은 효과를 낸다(이것은 중력의 효과를 연상

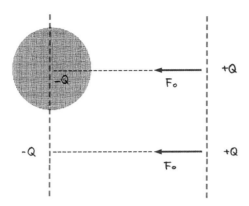

공 모양으로 전하가 분포되어 있으면, 외부에 있는 전하는
그 전하 분포를 중심점에 있는 점전하로 여긴다.

하면 되는데, 지구 표면의 사과는 공처럼 생긴 지구 전체의 질량이
그 중심에 뭉친 것과 같은 상태의 힘을 받는다). 결과적으로 원자가
가진 총전하량은 0이므로, 원자 밖에서 볼 때 원자는 마치 전기를 띠
지 않은 것처럼 보이고, 그런 이유로 우리는 우리 세계의 모든 물질
들이 전기를 띤 입자들로 이루어진 사실을 겨우 몇백년 전에야 알게
되었던 것이다.

그러나 열 사람이 도둑 하나를 잡지 못한다는 옛말이 있듯이,
전자가 아무리 부지런하게 움직이며 핵을 가린다 해도 빈틈은 보이
게 마련이다. 한 원자 주위의 다른 원자에 순간적으로 핵이 보이는
경우, 주위의 다른 원자에 속한 전자는 순간적으로 그 핵의 '냄새'를
맡는다. 따라서 자신이 속한 원자가 아닌 다른 원자에 끌리는 힘을
받게 된다. 이런 이유로 원자들은 서로 끌어당기는 힘을 받게 마련

인데, 그렇기 때문에 원자들이 뭉쳐 분자가 되고 또 액체나 고체 같은 물질덩어리까지도 만들어지게 된다.

서로 밀거나 당길 수 있는 두 가지 특징을 가진 전기력에서 항상 서로 당기는 힘만 작용한다는 것은 흥미로운 사실이다. 원자는 전기적으로 중성이지만 우리 세계의 모든 물질들은 이와 같이 서로 당기는 전기력의 특성 때문에 만들어진 것이다.

전자는 가벼워서 매우 활동적이다

원자가 전기적 특성 때문에 서로 끌어당겨 물질덩어리를 이루게 되면, 수많은 원자들의 평균효과 덕분에 물질은 전기적으로 더 안정된 상태가 된다. 즉, 원자 상태에서는 원자에 따라 약간의 '전기 냄새'가 나는 경우가 있을지라도, 원자들이 모인 물질덩어리에서는 더이상 전기적 특성이 드러나지 않는다고 할 수 있다. 그렇다고 하더라도 물질이 자신의 전기적 본성을 완전히 잃은 것은 물론 아니다. 주위에 전기를 띤 존재가 출현하면, 모든 물질은 잠에서 깨어나듯 자신의 전기적 본성을 되찾아 그에 반응한다.

물질이 전기적인 본성을 완전히 잃지 않고 상황에 따라 그 성질을 드러내게 되는 가장 큰 이유는, 물질을 이루는 원자가 '무거운' 핵과 '가벼운' 전자로 이루어져 있기 때문이다. 전자는 매우 가벼워 활동성이 클 뿐 아니라 핵으로부터 떨어져나가 자유로운 상태가 될 수 있는 가능성을 가진 존재다. 흥미롭게도 모든 물질은 도체 아니면 부도체다. 도체는 전기를 잘 통하는 물질인데, 그것은 금속의 특성이기도 하므로 금속성을 가지고 있다고도 말한다. 금속성 물질이란 각 원자가 자신이 가진 전자를 한두개 정도씩 내어놓음으로써 자유로운 전자를 많이 가지고 있는 물질이다. 그 전자들을 자유전자라 하는데, 자유전자는 마음대로 돌아다니다가, 도체 근처에 다른 양전하가 가까이 다가오면 그쪽으로 이동한다. 이때 전자들의 이동이 무한정 계속되지는 않으며, 어떤 단계에 이르면 다시 안정된 상태에 이르게 된다. 전하의 움직임이 다시 멈춘 안정된 상태를 '정전靜電'상태라 부른다. 그런 상태에서 금속 내부에 있는 전자들은 아무런 힘도 받지 않는 것 같은 상태가 된다. 즉, 금속 내의 전자들은 재빨리 재배치되어 가까이 다가와 있는 외부 양전하의 존재를 더이상 알지 못하는 상태에 이름으로써 외부로부터의 전기적 효과를 완전히 없애버린 것이다.

자연세계의 근본적 특징 중 하나는 변화에 저항하는 것이라 할 수 있다. 물체의 관성에서 알 수 있듯이, 물체는 자신의 운동 상태가 변하는 것을 달가워하지 않는다. 전기의 세계에서도 마찬가지여서, 매우 활동적으로 움직이는 전자들은 밖으로부터의 전기적 영향이 생기면 그것을 최대한 차단한다. 금속의 경우처럼 전자가 자유로운 상태에 있다면 외부로부터의 전기적 영향은 완전히 차단될 수 있는데, 그런 이유로 금속 내부는 아무런 전기적 영향이 도달하지 못하는 영역이라 할 수 있다.

외부 전기장이 시간에 따라 아주 빠르게 변하지만 않으면, 자유전자의 재배치가 마찬가지로 일어난다. 예컨대 철근을 사용한 건물이나 터널 안에서 라디오가 잘 들리지 않는 것은 철 구조물 내의 자유전자가 재배치되어 전자기파인 라디오파를 차단하기 때문이다. 자동차에서 라디오를 듣기 위해서 자동차 외부에 안테나를 달아야 하는 이유도 마찬가지다. 또한 번개가 칠 때 자동차가 설혹 번개를 맞아 아주 고전압 상태가 되더라도 그 내부는 믿어지지 않을 만큼 안전한 영역이 된다.

그러나 시간에 따라 전기장이 너무 빠르게 변하게 되면 전자들은 그 전기장에 따라 진동할 능력을 잃게 되어, 다시 전자가 있으나 마나 한 상태가 되어버린다. 예컨대 엑스선은 매우 빠르게 진동하는 전기장을 가진 빛이기 때문에, 우리 몸뿐 아니라 금속에 대하여도 강한 투과성을 지니는 것이다.

조금만 더 알려주세요! 💬 **정전기유도현상** 자유전자 이동에 의한 전하의 분포를 정전기유도라 한다. 정전기유도에 의해 전하가 새롭게 분포되면 도체 내부의 전기장은 어떤 모양이 될까? 정전상태에 이른 후에도 도체 속에 외부 전하에 의한 전기장이 남아 있다고 가정해보자. 만일 외부 전기장의 영향이 조금이라도 남아 있게 되면, 그 전기장에 의해 도체 내의 자유전하들은 계속 이동하게 된다. 이것은 정전상태라고 한 가정과 어긋난다. 따라서 도체 내에 전기장이 남아 있는 한, 전자는 끊임없이 이동하게 되며, 전자의 재배치가 모두 끝난 후에는 도체 내부의 전기장은 없다고 말할 수 있다.

어떤 물질이든 전기적 본성을 드러낼 수 있다

전기적으로 죽어 있던 도체가 주위에 전기를 띤 물체가 나타나면 갑자기 잠에서 깨어나 전기적인 본성을 드러내는 것처럼, 전기를 통하지 않는 부도체도 전기적 본성을 완전히 숨기지는 못한다. 부도체의 전자들은 원자들에 묶여 있어, 도체에서처럼 자유롭게 될 수 없는 것들이다. 그러나 부도체 가까이 전기를 띤 물체가 다가오면, 자유전자처럼 자유롭지는 못하다 해도 부도체 원자들도 그에 반응하게 된다. 예를 들어, 양전하가 부도체에 가까이 왔다고 하자. 이때 부도체 원자 속의 전자들은 원자에 묶인 상태로 있지만 제한적이나마 양전하 쪽으로 가까이 가고자 하며, 그 결과 원자의 전자 분포는 둥그런 공 모양을 유지하지 않고 럭비공처럼 찌그러진 모양을 하게 된다.

원자 속의 전자가 공 모양으로 분포되지 않고 한쪽으로 치우쳐 럭비공 모양으로 분포된 상태를 '전기쌍극자'라 부른다. 이 상태에서는 전자들의 분포가 공 모양이 아니므로, 전자들의 위치 중심이 더이상 핵과 일치하지 않게 된다. 완전한 공 모양 분포가 되는 경우에만 그 전체 효과가 중심에 뭉친 것과 같아지므로, 럭비공 모양이 되면 원자는 자신이 전기를 띠고 있다는 사실을 만천하에 공개할 수밖에 없는 처지가 되고 만다.

도체의 경우에는 외부로부터 전하가 다가오면 전자들이 대이동을 하여 도체 전체 스케일로 양전하와 음전하가 분리된 것 같은

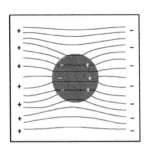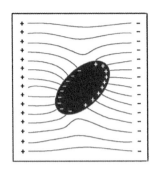

전기장 아래 있을 때, 도체 내부는 전기장이 완전히 사라지지만(왼쪽),
부도체에서는 외부 전기장의 영향이 약화될 뿐이다(오른쪽).

결과가 되므로, 도체는 마치 커다란 쌍극자가 된다고 할 수 있다. 부
도체의 경우에는 지극히 작은 수많은 쌍극자가 생기는데, 이러한 쌍
극자들은 모두 모여서 마치 도체와 비슷하게 부도체 내부에서 외부
전하의 효과를 최대한 약화시키게 된다. 즉, 부도체 속의 전자들도
도체만큼 효과적이지는 못하지만 새로 나타난 외부 전하의 전기장
효과를 줄이기 위해 나름대로 최선의 노력을 다한다고 볼 수 있다.
전기를 통하지 않는 물체의 이러한 전기적 성질 때문에 부도체를 유
전체라 부르기도 한다.

조금만 더 알려주세요! ❓ **겨울철에 옷은 왜 몸에 붙는가** 작은 종잇조각은
머리카락에 문지른 플라스틱 책받침에 잘 붙는다. 그리고 겨울철 입는
옷은 우리 몸에 잘 달라붙는 경향이 있다. 또한 텔레비전이나 컴퓨터 모
니터의 표면을 청소하지 않고 오래 두면, 표면에는 많은 먼지가 쌓이게
된다. 그 먼지들은 쉽게 떨어지지 않으며, 마치 자석에 붙듯이 표면에 붙
어 있다. 그 이유는 무엇일까? 과학적으로 볼 때 이런 현상들은 같은 이

유 때문에 생긴다.

어떤 종류의 물질은 쉽게 전기를 띠는 경향이 있다. 이것은 그 물질을 이루는 원자나 분자들이 자신에 속해 있는 전자들을 쉽게 떼어주는 경향이 있기 때문이다. 예를 들면, 머리카락에 문지른 플라스틱 책받침은 쉽게 전자를 잃거나 얻는다. 인간이 전기현상을 처음 발견한 것도 사실은 이런 현상을 통해서였다.

그렇다면 전기를 띤 책받침은 왜 아무런 전기도 띠지 않아 보이는 종잇조각을 끌어당기는가? 전기력은 전하와 전하끼리가 아니고, 전하와 전기적으로 중성인 물질 사이에도 작용한다는 뜻인가? 이에 대한 답은 '그렇다'이다. 자연은 자신이 전기로 이루어진 사실을 잘 숨기는 편이지만, 이와 같이 어떤 경우에는 어쩔 수 없이 그 정체를 드러내게 된다.

인간의 몸은 얼마나 전기적인가

우리 신체는 오묘한 유기체로서 그 복합적 기능을 과학적으로 분석하여 이해하기는 어렵다. 그러나 오늘날 우리는 적어도 인체의 신경조직이 전기적으로 작동된다는 사실은 알고 있다. 먼 옛날 우리 조상들은 이런 사실을 모르고 살았지만, 우리가 눈으로 보는 것, 귀로 듣는 것 등 모든 감각은 전기적 신호로 감지되며 그 신호가 전기적으로 우리 뇌에까지 전달되는 것이다.

인간의 신체에는 전기적 요소가 많다. 부도체도 전기적인 특성을 가지는 유전체라 했듯이 인간의 신체도 예외는 아니다. 아마 인간의 몸에 포함된 소금 성분 때문이겠지만, 인간의 몸은 전기를 통하는 도체의 성질까지도 가지고 있다. 그러므로 감전되어 죽을 수도 있는 것이다.

고전압 전선의 주위에는 강한 전기장이 형성되어 있다. 인간의 신체가 강한 전기장의 영향권 속에 들어가면, 그 신체도 보통 유전체와 마찬가지로 전하 쪽으로 끌려간다. 이때 고전압 전선에 접촉된 신체는 지면으로 연결된 도체처럼 전기가 통하게 되며, 따라서 죽음에까지 이를 수 있다. 이때 몸의 유전체적 성질 때문에 고압선에 강한 힘으로 끌려 쉽게 떨어지지 않을 뿐만 아니라 그 사람을 떼어내려는 사람도 위험에 빠지게 된다.

신경통 증세가 있는 사람들은 흐리거나 비가 오는 날이면 더 큰 고통을 호소한다. 이것은 흐린 날씨가 신경통과 어떤 관계가 있는 것처럼 보인다는 의미다. 물체에 부딪쳐 우리가 느끼는 아픔은 신경조직을 통해 전기신호로 뇌에 전달된 것이다. 이것은 우리 몸이 물체에 직접 부딪치지 않고도 전기적 조작만으로 아픔을 느끼게 만들 수 있다는 것을 뜻한다. 예를 들어, 정상적이지 않은 흐트러진 상태의 신경조직을 가진 사람은 아무런 외부 자극이 없어도 통증을 느낄 수 있으며, 신경통 환자들은 그런 상태의 신경조직을 가지고 있다고 볼 수 있다.

신경조직은 전기적으로 작동하므로, 비정상 상태의 신경조직이 강한 전기장의 영향을 받으면 전기적 자극이 발생하여 통증을 유발할 수도 있을 것으로 보인다. 흐리거나 비가 오는 날은 구름이 많은 날이며, 구름은 많은 전기를 가지고 있다. 그런 날씨에서 구름과 지표면 사이의 전압은 매우 높아지며, 그 결과는 천둥 번개로 나타나기도 한다. 따라서 흐린 날 우리는 강한 전기장의 영향 아래 있게 된다고 볼 수 있다. 신경통 증세가 있는 사람들이 흐린 날 더 고통스러워하는 것은 이러한 전기적 영향으로 생각할 수 있다.

나이가 들면 신경조직 자체가 흐트러질 가능성이 커진다. 또 심하게 매를 맞는 등 신체가 극한적 상황을 겪어도 신경조직에 이상이 올 수 있다. 그런 이유로 나이가 들거나 젊은 나이에 육체적으로 큰 충격을 받은 사람들은 신경통으로 고통을 받을 가능성이 크다고 할 수 있으며, 그런 사람들은 일종의 전기고문을 당하고 있다고 볼 수 있다.

자연은 자신의 전기적 본성을 숨겨왔다

앞에서 말한 바와 같이 원자 속의 전자는 매우 부지런하게 움직이면서 공 모양의 분포를 이루고, 그 결과로 원자는 마치 전기적 성질이 없는 것처럼 보인다. 자연은 자신이 전기를 띤 입자들로 이루어졌다는 사실을 숨기는 데 1차적으로 성공을 거둔 셈이다. 그러나 그러한 전기적 가림이 완전하지 못하다는 것도 앞에서 설명했다.

사실 우주의 물질이 만들어지게 된 것은 핵을 가리는 전자의 그런 가림이 완전하지 못하기 때문이다. 즉, 다른 원자가 전기를 띤 것을 평소에는 모르고 지내던 원자들이 어느 순간 다른 원자가 곁에

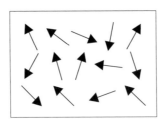

쌍극자들이 제각각 다른 방향을 향기 때문에
일상적인 경우 물의 전기적 성질은 드러나지 않는다.

있다는 것을 감지하게 되고, 그래서 서로 끌려 분자를 이루며, 결국 여러 가지 물질이 될 수 있었던 것이다.

그렇게 만들어진 분자들 중 어떤 것들은 생긴 모양이 비대칭적이어서 태생적으로 전기쌍극자가 되기도 한다. 즉, 자신이 전기를 띠었다는 것을 숨기지 못하는 처지가 되고 마는 것이다. 그런 분자들은 강한 전기적 성질을 띠는데, 물분자가 그 대표적인 예다. 물이 가진 수많은 경이로운 특성은 물분자의 전기적 특성 때문이라고 생각할 수 있다.

전기적 성질을 숨기지 못하는 분자들 때문에, 자연이 자신의 전기적 특성을 숨기려는 시도가 1차적으로 어려워진다고 볼 수 있다. 그런데도 자연은 교묘한 방법으로 여전히 자신의 전기적 본성을 숨길 수 있게 되는데, 그 첫째 이유는 물질이 수많은 분자로 이루어졌기 때문이다. 한 분자가 다른 분자와 만나면, 쌍극자의 양전하 부분은 자연스럽게 다른 분자의 음전하 부분과 결합하게 되며, 그렇게 됨으로써 쌍극자의 효과를 현저히 약화시킨다. 또는 쌍극자끼리 서로 상관하지 않고 방향이 제각각으로 되기도 하는데, 그렇게 되어도 전체의 전기적 성질은 평균화되어 사라진다. 자연은 이런 방법으로 자신의 전기적 본성을 숨길 수 있었던 것이다.

물은 전기적으로 매우 특이한 물질이다

전기적 특성은 물이 가진 많은 특이한 성질 중 하나다. 물분자H_2O는 산소원자O 하나와 수소원자H 둘로 이루어져 있다. 자연의 대칭성을 생각한다면, 물분자는 산소원자 양쪽에 대칭적으로 수소원자가 하나씩 달려 있는 모양이 자연스럽다. 예를 들어, 분자식이 물과 비슷하다 할 수 있는 탄산가스(이산화탄소CO_2)분자는 탄소원자C 양쪽에 산소원자가 하나씩 대칭적으로 달려 있다.

그러나 이상하게도 물분자에서 수소원자 두개는 산소원자의 양쪽에 대칭적으로 결합되지 않고 105도 정도의 각도를 이룬다. 이런 구조는 양이온인 수소이온H^+과 음이온인 산소이온O^{2-}의 전하 분포가 분리되게 만들어 스스로 쌍극자를 이루는 결과를 초래한다. 즉, 물분자는 외부 전하의 영향이 없어도 이미 스스로 전기쌍극자인 것이다.

따라서 분자 하나의 단위에서 물분자 자체는 강한 전기적 성질을 띠는 화학적으로 '극성분자'라 불리는 분자로서, 다른 분자와 잘 결합한다. 우리가 직접석으로 느끼지는 못해도 물분자는 자신의

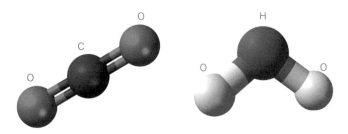

탄산가스분자(왼쪽)는 탄소원자 양쪽에 산소원자가 대칭적으로 달려 있는 데 비해, 물분자(오른쪽)에서 산소원자 두개는 수소원자 양쪽에 약 105도의 각도로 결합해 있다.

전기적 특성을 여러 방법으로 드러낸다. 예를 들어, 물은 소금이나 설탕 같은 여러 가지 물질을 잘 녹이는데(그래서 빨래하는 데도 매우 효과적이다), 그 원인은 물분자가 수많은 다른 분자들과 잘 결합하기 때문이다.

물은 그 자체로는 아무런 전기적 특성을 드러내지 않는다. 그러나 외부에 전하가 있게 되면 이에 따른 전기현상이 갑자기 크게 드러난다. 예를 들어 외부에 있는 전하가 양전하라면, 물분자의 음전하 부분이 그쪽에 몰리게 되어 물은 외부 전하 쪽으로 끌리게 된다. 이러한 이유로, 수도꼭지에서 약하게 흘러내리는 물줄기 가까이 전기를 띤 책받침을 가져가면, 물줄기는 눈에 띌 정도로 책받침 쪽으로 휘어진다.

사막에서 볼 수 있듯이, 비가 오지 않으면 육지의 생명체는 거의 살아갈 수 없다. 다행히도 지구상의 대부분 지역에서는 비가 자주 오는 편이다. 만약 태양에 의해 만들어진 수증기가 서로 잘 뭉치지 않는다면, 그래서 무거운 물방울이 만들어져 다시 땅으로 떨어지지 못한다면, 지구의 모든 육지는 사막화할 것이다. 그러나 다행히 물분자는 '이상하게도' 비대칭이어서 극성을 띠므로, 다른 물분자를 포함해 다른 여러 분자들과도 결합하고 싶어한다. 즉, 공기 중의 수증기들은 서로를 쉽게 끌어당겨 물방울을 이루려 하는 것이다. 물분자가 얼마나 쉽게 물방울을 이루는지는, 공기의 대부분을 이루는 질소나 산소 분자들이 질소 방울이나 산소 방울이 잘 되지 않는 것을 봐도 알 수 있다.

　만약 물방울에 전하가 달라붙게 되면 물방울의 전기적 특성은 놀라우리만큼 강해지게 된다. 그리고 흥미롭게도 대기 중에는 많은 전하들이 있다. 한 물방울이 전기를 띠게 되면 그 물방울은 주위의 다른 물방울을 더 강하게 끌어당기는데, 그러면서 점점 더 커다란 물방울이 되어가는 것이다. 물방울이 어느정도 커지면 그 무게 때문에 공기 중에 머물지 못하고 떨어지게 되며, 이것이 바로 빗방울이다.

　일반적으로 구름은 전하 분포가 다양하여 많은 전기를 띠고 있으며, 그 전하가 너무 많아지면 구름끼리 방전하거나 지표면의 물체와 방전하면서 천둥 번개를 만든다. 지구상의 모든 생명체에 꼭 필요한 비는, 물분자가 비대칭적인 모양을 하지 않았더라면, 또 공기 중에 어느정도의 전하들이 존재하지 않았다면, 쉽게 만들어질 수 없었을 것이다. 그렇다면 공기 중에는 어떻게 그리도 많은 전하가 존재할까?

조금만 더 알려주세요! 💬 **번개가 치는 원인** 비가 오기 전에 번개가 치는 광경을 봤다면 누구나 그 원인이 무엇일까 한번쯤은 의문을 품을 것이다. 그 원인은, 이제는 잘 알려졌듯이, 대기 중의 전기 때문이다. 대기에는 많은 전하들이 있다. 이 전하들 때문에 대기 중에는 전기장이 만들어지며, 지표면 근처에서의 전기장은 땅을 향하면서 약 100V/m 정도의 세기를 갖는 것으로 알려져 있다. 전기장이 지면을 향한다는 사실은 지면의 전하가 음전하를 띠고 있음을 뜻한다. 대기의 전기장은 지면으로부터 멀어질수록 약해지며, 약 1400미터 상공에 이르면 그 세기는 약 20V/m 정도로 약화된다.

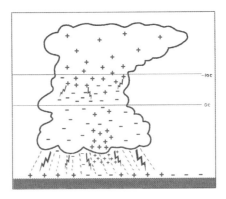

구름은 복잡한 분포로 많은 전하를 띠고 있으며,
번개는 구름끼리 또는 구름과 지표면 사이에서 일어나는 방전현상이다.

공기 중의 전하량은 고공으로 올라갈수록 더 커지는데, 이것은 공기분자들이 우주에서 온 강력한 우주선宇宙線 입자들과 부딪혀 전자가 떨어져나가 이온화되기 때문이다. 즉, 우주선들이 공기분자와 충돌하며 분자들을 이온화시키는 것이다. 이런 이유로 구름이 있는 높은 곳과 지면의 전위차전압는 수백~수천만볼트 이상이 될 수 있으며, 그 전위차로 인해 공기 중에서 전류가 흐르는 것이 바로 번개다. 전류가 흐르는 현상은 실험실에서 간단한 장비로도 볼 수 있다. 100볼트 가정용 전압을 변압기를 이용하여 수백만볼트 이상으로 만들면 두 단자간에 방전현상을 볼 수 있는데, 이것이 일종의 인공 번개라 할 수 있다. 결국 태양은 그 빛에너지로 수증기를 만들 뿐 아니라 빛과 더불어 내보내는 강력한 에너지의 우주선 입자들로 대기를 이온화시켜 대기 속에 전하를 만듦으로써, 수증기가 쉽게 뭉쳐 물방울이 되고 비가 되어 내리도록 도와주는 것이다.

두배의 힘으로 끌면 속도가 두배가 된다?

전기회로에서의 가장 유명한 법칙은 아마도 '옴Ohm의 법칙'이리라. 옴의 법칙은 모든 도체에서 놀라울 만큼 정확하게 성립하는 매우 일반적인 법칙으로, 탄성체에서 '훅의 법칙'이 성립하는 것만큼이나 일반적인 법칙이다. 유명한 뉴턴의 운동법칙에 따르면 물체의 가속도는 힘에 비례한다. 옴의 법칙도 이와 비슷해서, '도선에 흐르는 전류의 세기는 도선 양단간의 전위차에 비례한다'이다.

자연세계를 기술하는 가장 보편적이면서도 유명한 법칙들은, 비례관계로 나타난다는 점에서 서로 비슷한 면이 있다. 그러나 자세히 알고보면, 말하고자 하는 바는 전혀 다르다. 예를 들어 옴의 법칙을 다르게 기술하면, '전하에 일정한 힘을 계속 가하면 전하는 일정한 **속도**로 운동하는데, 힘이 두배가 되면 그 **속도**도 두배가 된다'이기 때문이다. 이에 비해 뉴턴의 운동법칙은, '물체에 일정한 힘을 계속 가하면 물체는 일정한 **가속도**로 운동하는데, 힘이 두배가 되면 그 가속도도 두배가 된다'이다. 즉, 일정한 힘으로 끄는 수레의 속도는 점점 빨라진다는 것이다.

옴의 법칙에 따르면 힘이 두배가 되면 가속도도 두배가 되어 속도가 점점 빨라지는 것이 아니라, 속도가 두배가 된 상태로 일정해진다는 사실을 어떻게 이해해야 할까? 이런 현상은 사실 이상한 것이 아니다. 우리 주위의 운동을 살펴보면 일정한 힘으로 끄는 물체의 속도는 일정하다. 또 많은 경우 힘이 두배로 커지면 그 속도도 두배로 빨라진다. 예를 들어, 무거운 짐을 실은 수레를 소가 일정한 속도로 끌고 간다고 가정해보자. 이때 옴의 법칙은 소 두필이 끌면 그 속도가 두배로 늘어난다고 말하는 것과 같다. 따라서 옴의 법칙은 우리 일상의 경험과 부합하는 매우 친근한 법칙이라 할 수 있다.

소가 끄는 수레의 운동에서 뉴턴의 운동법칙이 맞지 않는 것처럼 보이는 이유는 물론 마찰력 때문이다. 수레에는 소가 끄는 힘 말고도 마찰력이 작용한다. 일정한 힘으로 끄는 수레가 일정한 속도로 운동한다는 사실은, 운동법칙에 의하면 단지 이때의 마찰력의 세기가 소가 끄는 힘의 세기와 같다는 것을 뜻할 뿐이다.

도선 속에서도 마찬가지 일이 일어난다. 일정한 세기의 전류가 흐를 때에는, 전자에 작용하는 전기력과 정확히 똑같은 크기로 마찰력 비슷한 저항력이 전자에 작용한다. 속도가 빨라질수록 마찰력도 점점 커진다면, 당연히 속도가 무한정 증가할 수는 없다. 속도가 빨라지면 그 마찰력 세기가 언젠가는 소가 끄는 힘의 세기와 같아질 수밖에 없기 때문이다.

옴의 법칙의 특이한 점은, 저항력의 세기가 전하의 평균 이동 속도와 정확히 비례한다는 것이다. 공중에서 떨어지는 물방울 등이 받는 공기의 저항력이 속도에 비례하는 것은 이해할 수 있는 일이다. 똑같은 시간 동안 두배의 공기분자와 부딪친다면 저항력은 당연히 두배가 될 것이기 때문이다. 실제로는 소용돌이효과와 같은 것들도 있어 저항력이 속도와 정확히 비례하지는 않지만, 공기의 저항력은 사실상 속도에 거의 비례한다. 도선 속 전자의 운동은 떨어지는 물방울의 운동과 달리 매우 복잡해서 쉽게 기술하는 것은 불가능하다. 도선 속의 전자는 열거하기 어려울 정도로 많은 요소들의 영향을 받으며 운동하기 때문이다. 그러나 그 복잡한 운동의 결과는 뜻밖에도 매우 단순하게, '두배의 힘전기력을 주면 평균 속도전류가 두배가 된다'는 흥미로운 결과로 나타난다. 그런 의미에서 옴의 법칙은 놀라운 사실을 알려준다고 볼 수 있다.

조금만 더 알려주세요! ❔ **제곱의 과학** 소가 계속하여 힘을 가해도 수레의 속력이 일정한 것은 물론 마찰력 때문이다. 또 일정한 힘을 받는 도선 내의 전하들이 일정한 속력으로 이동하는 것도 물론 도선의 저항 때문이다. 이때 수레에 작용하는 마찰력이나 전하에 작용하는 저항력은 열로 나타난다. 마찰력이 없었으면 수레의 속도가 점점 더 빨라졌어야 하는데, 그러지 못하고 대신 열이 발생했던 것이다. 마찬가지로 전류가 흐르면 도선 속의 전자들에 작용하는 저항력 때문에 도선에서는 열이 발생하게 된다. 이러한 열을 '줄Joule 열'이라 한다.
전기저항에 의해 열이 발생하기 때문에 겨울철에 누전이 일어나 불이

나게 된다. 그런데 우리는 앞에서 자동차의 속도를 두배로 빠르게 하거나 파도의 파고가 두배로 커졌을 때 위험도가 얼마나 커지는지 알아보았다. 그렇다면 가정에서 두배의 전기를 쓸 때 도선에서는 열이 몇배나 더 발생하게 되어 얼마나 더 위험해질까?

두 전열기를 동시에 쓰는 경우를 생각해보자. 이러한 연결은 병렬회로라 불린다. 병렬회로에서는 각각의 저항이 전원과 독립적으로 연결되어 있어, 한 전열기를 꺼도 다른 전열기는 꺼지지 않는다. 병렬연결한 두 저항은 마치 저항이 1/2로 줄어든 것처럼 취급할 수 있다. 전기배선에 쓰이는 도선의 전기저항은 우리가 쓰는 전기기구의 저항에 비하면 무시할 만하므로, 두 전열기를 동시에 쓸 때 도선에 흐르는 전류는 대략 두배로 늘어난다. 그런데 소모 전력은 전류 세기의 제곱에 비례하므로, 이 경우 배선회로에서 불필요하게 소모되는 전력량은 약 네배로 늘어나게 된다. 마찬가지로 전열기 3개를 동시에 쓰는 경우 배선회로에서 발생하는 열량은 9배가 된다. 배선에 쓰이는 도선의 저항은 작은 편이므로 보통 이런 열은 대단치 않은 크기이다. 그러나 소모 전력이 세배, 네배로 늘어나 도선에서의 발생 열이 9배, 16배로 커진다면 화재의 가능성이 점점 커지게 된다. 화재의 위험 면에서 보면 전열기를 두개 쓰는 것은 두배의 위험이 아니라 네배의 위험을 감수하게 되는 것이다.

이것이 바로 겨울철에 한 단자에 여러개의 전열기를 동시에 연결하여 쓰지 말아야 하는 이유이다. 누전에 의한 화재는 주로 건축 당시 전기배선을 할 때 충분히 굵은 도선을 쓰지 않았기 때문에 발생한다. 따라서 약간의 비용이 더 들더라도 건물을 처음 지을 때 저항이 작은 충분히 굵은 도선으로 전기배선을 하는 것이 훨씬 더 경제적이라 할 수 있다.

우리 세계는 뜻밖에 단순하다

현대는 컴퓨터의 시대이고 미래 역시 컴퓨터의 시대가 될 것은 확실해 보인다. 컴퓨터는 널리 알려진 대로 0과 1, 또는 켜짐[on]과 꺼짐[off]의 두 가능성만을 가진 논리회로를 이용해 만들어진다. 이렇게 제한된 가능성만을 토대로 하는 논리를 디지털[digital] 논리라 한다. 영어 디지트[digit]는 손가락을 의미하는 말이며, 유치원 학생이 손가락으로 하나둘 세듯이 무엇을 나타낸다는 뜻이다.

그러나 수학에서 0과 1 사이에는 무수히 많은 수가 있다. 이 경우 0과 1 사이의 어떤 값이라도 마음대로 취할 수 있다면 선택 가능한 수는 무한하며, 이런 가능성에 토대를 둔 논리를 연속적[analog] 논리라 한다.

인문사회학적 입장에서 보면, 디지털 논리는 '예'와 '아니오'의 두 가지 중 한 선택만을 허용하는 것에 비유할 수 있다. 인간의 생활계는 매우 복잡해서, '예'와 '아니오' 같은 흑백논리로 모든 것을 판정하는 것은 가능하지도 않고, 또 그렇게 해서도 안될 것이다. 그러나 필연적으로 그런 선택을 해야만 할 때도 반드시 존재한다. 예컨대 법원에서의 재판이라는 행위가 그렇다. 확신을 가질 수 없다 하더라도 법관은 누가 옳고 누가 그른지 판정해야 할 무거운 짐을 지게 된다.

일반적으로 잘 알려진 사실은 아니지만, 물리적 세계의 양들도 사실은 디지털적 특성을 가진다. 역사적으로 모든 물리량은 연속적인 양이라고 생각되어왔다. 예컨대, 사람의 키나 몸무게 등을 측정하면 어떤 측정값도 가능한 것처럼 보인다. 이러한 관점은 적어도 20세기 초까지의 고전물리학 세계에서는 옳게 여겨져왔다. 그러나 물리적 세계는 근본적으로 디지털 세계다. 예를 들어 물질이 전기를 통하는지의 문제를 보자. 도체란 전기가 잘 통하는 물질이고 부도체란 전기가 안 통하는 물질이다. 우리 세계의 모든 물질을 전기적 특성에 따라 이렇게 단호하게 나누는 것이 과연 가능한가? 그 대답은 '그렇다'이다. 그렇다면 전기가 통하는 물질과 안 통하는 물질의 차이가 도대체 얼마나 되기에, 그렇게 말할 수 있는가?

전기가 얼마나 잘 통하는지 나타내는 척도로는 전기전도도라는 개념이 쓰이는데, 유리와 구리의 전기전도도 차이는 보통 10^{24}배 정도나 된다. 이 수치는 거의 1조의 1조배 가까운 것으로서, 상상하기 어려운 값이라 아니할 수 없다. 따라서 어떤 물질이라도 전기가 통하든지 아니면 안 통하든지 둘 중 하나다. 전류가 흐르는 세계에서는 흑백의 선택만 허용될 뿐이며 회색분자는 존재하지 않는 것이다.

미시적 세계에서는 사실상 모든 것이 다 이런 특성을 지닌다. 예컨대, 전자나 양성자 등과 같은 모든 기본 입자의 '스핀'spin(고전적 입장에서는 지구의 자전과 같이 자신이 스스로 회전하는 운동에 비유되는 양)이라는 값은 매우 기묘해서, 어떤 방향으로의 크기를 측정해도 항상 위예와 아래아니오 두 가능성 중 하나밖에 가질 수 없다. 이러한 특성은 빛에도 존재하는데, 광전효과라는 현상에서 드러난 빛의 정체는, 빛이 하나둘 하고 셀 수 있는 알갱이 형태로만 존재한다는 것이다. 즉, 미시적 세계에서 모든 물리량들은 '존재' 아니면 '비존재', '할 수 있다' 아니면 '할 수 없다', '이것' 아니면 '저것'같이 명백한 선택을 해야만 하는 처지임을 알 수 있다.

자연의 근본이 이러하다면 우리 인간도 그렇지 않을까? 인간의 자유의지는 과연 얼마나 자유로운 것인가? 또 우리의 행동은 얼마나 자유로울 수 있는가?

조금만 더 알려주세요! **반도체와 초전도현상** 전기가 잘 통하는 금속보다 1조배쯤 전기가 안 통하지만, 전기가 안 통하는 부도체보다 1조배쯤 전기가 잘 통하는 물질은 어느 쪽에 속한다고 해야 할까? 반도체는 그런 특성을 가진 물질로서, 좀 특이하지만 부도체의 일종이다. 일상생활에서 쉽게 경험할 수는 없지만 이보다 더 재미있는 예는 초전도현상이다. 초전도성을 가진 물질들은 매우 낮은 온도가 되면 갑자기 전기저항이 사라진다. 즉, 전기전도에서 저항이 있든지 없든지 둘 중 하나에 속한다.

제2장

자기, 자연 속에 숨은 자성 찾기

지구는 커다란 자석이다

인류는 아주 오래전부터 나침반을 이용해왔다. 망망대해에서 배의 진행 방향을 알기 위해서 계절에 따른 별자리를 이용하기도 하지만, 나침반을 이용하면 가장 확실히 알 수 있다. 그런데 나침반은 왜 지구의 한 방향, 즉 우리가 북쪽이라 부르는 방향을 가리키는 것일까? 그것은 물론 지구 자체가 하나의 커다란 자석이기 때문이라고밖에 해석할 수 없다.

전기현상을 알게 된 후로도 인간은 오랫동안 자석의 성질이 전기와는 전혀 무관한 것으로 생각하고 살아왔다. 사실 자석은 어느 모로 보나 전기와는 아무런 상관이 없어 보인다. 도선에 전류가 흐르면 자성이 나타난다는 사실을 깨달은 후에도, 인류는 자석과 전기의 관계를 쉽게 이해할 수 없었다. '원자세계의 작은 입자들은 모두 자신이 가진 근본적 특성 때문에 작은 자석과 같다'는 사실이 알려진 후에야 물질의 자성이 전기현상임을 알게 되었던 것이다.

여러 증거에 의하면, 지구 자기장은 영구히 현재 상태로 있는 것이 아니라 일정한 주기로 그 극이 바뀐다고 생각된다. 이것은 마치 태양의 자기적 활동, 즉 흑점의 주기적 변화와 비슷하다. 이 가설에 의하면 흑점의 주기는 17년 정도로 짧지만, 지구 자기장의 주기는 아주 길다고 생각된다. 바다 밑 퇴적층에 쌓인 미생물의 흔적을 연구한 결과에 의하면, 미생물의 잔해가 20만년 정도의 주기로 나타났다가 사라지는데, 그 이유가 지구 자기장의 변화 때문이라 해석하고 있는 것이다.

지구 자기장의 존재는 우리 생활에 아주 중요한데, 그 이유는 물론 앞에서 지적한 바와 같이 우주로부터 날아드는 강력한 우주선 입자들을 차단해주기 때문이다. 만약 지구 자기장이 없다면, 그 입자들은 미생물들에 큰 타격을 입히고, 고등생물에도 영향을 주어서 암을 유발하는 등 생명체의 수명을 크게 단축할 것으로 생각된다. 그것은 엑스선이나 방사선에 우리가 항상 노출된 것과 비슷한 상황일 것이다.

극지방에서는 대기가 아름다운 색을 띠는 오로라현상이 자주 나타난다고 한다. 오로라는 지구 자기장에 의해 차단되지 않고 대기 깊숙한 곳까지 침투한 우주선 입자들이 대기를 이온화시키거나 들뜬 상태로 만들기 때문에 생긴다(우주선 입자들이 극지방에서 대기권 속까지 침투할 수 있는 것은, 자기장과 같은 방향으로 진행하는 전하는 그 자기장에 의해 아무런 영향을 받지 않기 때문이다). 오로라의 아름다운 색깔은 이런 공기들이 내는 빛인 것이다. 따라서 공기가 아름다운 색을 띠고 있는 곳은 건강에는 별로 좋지 않은 곳이라 해도 좋으리라. 만약 지구가 커다란 자석이 아니라면 북극에서만 보이는 오로라현상이 지구의 모든 곳에서 보일 것이고, 인간을 포함한 생명체의 수명은 많이 단축되었을 것이다.

조금만 더 알려주세요! 💬 **지구 자기장의 원인** 나침반의 자침이 가리키는 방향은 엄밀하게는 지구의 지리적 북극과 약간 다르다. 지구의 지리적 북극이란 지구 자전축이 통과하는 북극점을 말한다. 지구의 자기적 북극이 왜 지리적 북극과 일치하지 않는지는 알려져 있지 않은데, 그것은 지구가 왜 하나의 커다란 자석같이 행동하는지 자체가 확실하게 알려져 있지 않기 때문이다.

하나의 가설에 의하면, 액체로 되어 있는 지구 속의 핵 부분이 지구의 자전속도만큼 빠르게 돌지 못하기 때문에 생기는 전류로 인해 지구 자기장이 생성된다고 여겨진다. 즉, 뜨거운 지구 내부에 있는 액체 상태의 물질 일부는 이온화되어 전기를 띠고 있으며, 그 전하들이 만들어낸 전류로 자기가 생긴다는 생각이다. 또다른 가설에 의하면, 지구 자기를 만든 원인으로 지구 주위를 둘러싼 이온층을 든다. 우주에서 온 강력한 에너지 입자들이 지구 자기장에 돌입하면, 북극 지역으로 들어오는 입자를 제외하고는 자기력에 의해 바로 진입하지 못하게 된다. 이때 대부분의 입자는 지구 자기장의 영향 때문에 대기권 밖에 전리층이라는 띠를 만들게 되는데, 이를 처음 예언한 과학자의 이름을 따라 '밴 앨런 띠'Van Allen belt라 불리고 있다. 이 전리층의 전하들은 지구 표면과 같은 회전속도로 돌지는 않으므로 지표면 관측자에게는 전류로 보이고 따라서 자기장이 만들어진다.

물질세계는 작은 자석으로 이루어져 있다

어린 시절 많은 사람들은 한번쯤 자석에 호기심을 가진다. 자석은 서로 접촉하지 않은 상태에서도 서로 밀거나 당기는 '이상한' 성질이 있기 때문이다. 그러나 우리가 쉽게 깨닫지 못해서 그렇지, 공중에 던져 올린 공도 지구와 접촉하지 않은 상태에서 지구에 끌리는 '이상한' 성질을 지닌다.

자석은 아무 물체나 당기지는 않는다. 예를 들어, 철은 자석에 끌리지만 알루미늄이나 구리는 자석에 끌리지 않는다. 한편 자석에 붙은 못은 스스로가 자석이 되어 다른 못을 다시 끌어당기기도 한다. 또한 자석은 아무리 잘게 잘라도 잘린 부분이 여전히 각각 자석이 된다.

우리가 알기로 자기의 원인은 전류다. 즉, 전하가 이동하면 자기장이 생긴다고 말한다. 그렇다면 자석 속에는 전류가 존재한다는 말인가? 이에 대한 대답은 '그렇다'이다. 그러나 이 경우 그 '전류'라는 것은 우리에게 생소한 형태로, 그 현상을 설명하거나 그림을 그려 보이기가 불가능한 이상한 전류다.

한편 모든 물질은 작은 기본 입자들로 이루어져 있다. 양성자, 중성자, 전자 등으로 불리는 이런 입자들은 마치 지구가 자전하는 것에 비유되는 운동을 한다고 생각되지만, 그 운동은 우리가 알고 있는 자전운동이라고 하기에는 곤란한 이상한 것이다. 기본 입자들의 이런 특성을 스핀spin이라 부른다.

모든 기본 입자들, 심지어 전기적으로 중성인 중성자까지도 전기적 성질을 띠고 있으므로, 그렇게 전기를 띤 입자가 회전운동을 하면 당연히 전류가 생기게 된다. 따라서 입자들은 자기적 성질을 띠게 된다. 즉, 모든 물질은 아주 작은 자석들로 이루어졌다고도 말할 수 있는 것이다.

조금만 더 알려주세요! 💬 **자기의 원천은 전류다**　전류가 흐르는 도선 근처에 나침반을 놓으면 나침반의 바늘이 움직인다. 즉, 전류는 자침의 방향에 영향을 준다. 이런 현상은 도선에 흐르는 전류에 자기적 성질이 있음을 뜻한다. 전류는 자성의 원인인 것이다.

사실 전류가 흐르는 도선과 자석은 근본적으로 같은 것이다. 전류가 흐르는 폐회로는 '자기쌍극자'라 불리는데, 폐회로가 매우 작을 때 만들어지는 자기장 모양은 전기쌍극자가 만드는 전기장 모양과 똑같다. 자석의 양 끝은 N극과 S극이라 불리는데, 우리는 N극이 자기력선이 나가는 쌍극자 부분이며 S극이 자기력선이 들어가는 쌍극자 부분이라고 해석한다. 예컨대 방바닥에 놓인 원형전류에 시계 반대 방향의 전류가 흐르는 경우 자기장은 하늘 방향을 향하며, 그 원형전류는 N극이 위로 놓인 자석과 같은 역할을 하게 된다고 말한다.

자연은 어떻게 자성을 숨겨왔는가

원자 속의 전자들은 자전에 비유되는 운동을 할 뿐 아니라, 핵 주위에서 공전에 비유되는 원운동도 한다. 이것은 마치 지구가 자전하면서 태양 주위를 공전하는 것에 비유할 수 있다. 이와 같은 이유로 원자는 모두 작은 자석이라 할 수 있다. 그러나 흥미로운 사실은, 원자를 이루는 기본 입자들이 최대한 자신의 자성이 보이지 않도록 정렬하려 한다는 점이다.

원자들이 쓰는 방법은 단순하다. 두 기본 입자가 가까이 있으면 각 입자들이 가진 자석의 방향이 서로 반대 방향이 되도록 정렬하는 것이다. 이것은 전기쌍극자 두개가 모이면 그 효과가 거의 상쇄되는 과정과 비슷하다. N극과 S극이 겹쳐지는 이런 방법을 쓰면, 기본 입자의 수가 짝수일 때 그 자성은 사라지게 된다. 즉, 원자는 전자의 구대칭 분포로 자신이 전기를 띤 입자들로 이루어진 사실을 숨기려 하듯이, 자신이 자석으로 이루어졌다는 점도 최대한 숨기려 하는 것이다. 그러나 원자의 이런 노력에도 불구하고 원자를 이루는 양성자나 전자 같은 기본 입자의 수가 언제나 짝수가 될 수는 없으므로, 거의 모든 원자들은 미시적으로는 자석이라 볼 수 있으며, 자석이라고 볼 수 없는 원자는 헬륨이나 네온같이 불활성기체라 불리는 원자들뿐이다.

원자들이 모여 고체 상태를 이루면, 원자간의 상호작용은 아주 긴밀해진다. 그러나 그런 경우라도 각 원자가 만드는 미시 자석들은 서로 무관하게 행동하는 경우가 많다. 미시 자석끼리 서로 상관하지 않고 독립적인 경우, 그 물질은 '상자성'常磁性, para-magnetism을 가진다고 말한다. 상자성이란 늘 있는 또는 일상적인 자성이란 뜻으로서, 우리 주위의 물질 대부분이 상자성을 가지기 때문에 이런 이름이 붙여진 것이다. 상자성 물질은 스스로는 자성을 드러내지 않는다. 왜냐하면 수많은 자석의 방향이 제각각이 되어 전체적으로 N극이나 S극 방향이 결정될 수 없기 때문이다. 이것은 전기쌍극자들이 제멋대로의 방향을 향하게 되어 전기적 성질을 안 보이는 것과 같은 이치다.

온도가 낮아지면, 물질 속의 미시 자석들이 서로의 자석 방향에 영향을 주어 같은 방향이나 반대 방향으로 규칙성 있게 배열되기도 한다. 이때 대개는 이웃 원자의 자석 방향이 서로 반대가 되는데, 왜냐하면 한 자석의 N극에 다른 자석의 S극이 겹쳐지는 것이 자연스럽기 때문이다. 그렇게 되면 두 원자 자석의 자성은 상쇄되므로, 원자 자석의 쌍으로 물질이 이루어졌다고 보면 결국 물질 전체도 자석처럼 행동하지 않게 된다. 이러한 자성을 '반강자성'反强磁性, anti-ferromagnetism이라 부른다.

온도가 높은 상태에서 모든 물질은 상자성 물질이 되는데, 상자성 물질에서 미시 자석들은 서로 아무런 상관도 안하며 혼자서 살아간다. 그러나 원자 자석들끼리 서로 영향을 주면, 물질들은 대부분 반강자성을 띠게 된다. 상자성이나 반강자성은 미시적 세계에서의 원자 자성을 거시적으로 드러나지 않도록 만든다는 점에서 흥미

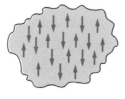

상자성 물질   반강자성 물질   강자성 물질

물질은 원자보다도 더 작은 단위의 자석으로 이루어져 있지만,
자연은 여러 가지 방법을 통해 그 사실을 숨기고 있다.

롭다. 자연은 자신의 자기적 본성을 숨기는 방향으로 만들어졌던 것
이다.

하지만 자신이 자석으로 이루어져 있다는 사실을 숨기려는
이러한 자연의 노력은 경우에 따라 한계를 드러내게 된다. 매우 부
자연스러운 현상이지만 특수한 조건이 되면 원자 자석들이 서로 같
은 방향이 되도록 상호작용하는 경우가 나타나기도 하는 것이다. 그
렇게 되면 물질은 우리가 볼 수 있는 자석이 되는데, 물질의 이러한
자성은 '강자성'強磁性, ferromagnetism이라 부른다. 강자성은 매우 부자
연스러운 특성으로서, 100여개의 원소 중 철·코발트·니켈 등 몇개의
원소만 강자성을 띤다. 그러나 몇몇 원소를 섞어 만든 합금의 형태
로는 많은 강자성 물질이 있는데, 알루미늄－니켈－코발트 합금이
대표적이고 지구를 이루는 물질 중 흔치 않은 희토류rare earth가 포함
된 합금도 많이 이용되고 있다.

조금만 더 알려주세요! 🐕 **상자성 물질의 자화(磁化)** 상자성 물질을 자석 근처에 가져가면, 원자 자석은 모두 그 자석이 만드는 자기장 방향과 같게끔 정렬된다. 즉, 물질에 자석의 N극을 가까이 대면 물질을 이루는 원자 자석들은 모두 S극이 자석의 N극을 향하도록 정렬된다는 뜻이다. 이렇게 되면 수많은 작은 원자 자석의 효과가 거시적으로 드러나면서 물질은 그 자기적 본성을 드러낸다.

따라서 자석 근처에 있는 많은 원자 자석들은 이제는 자신도 자석처럼 되어 가까이 가져온 자석에 끌려가게 된다. 이것은 마치 전기를 띤 머리빗에 종잇조각이 끌려가는 것과 똑같은 이치다. 머리빗이 양전기를 띠고 있다면 종이를 이루는 수많은 원자들은 자신의 전자가 양전하 쪽인 머리빗에 가까이 가 결국은 머리빗에 끌려가는 것과 마찬가지인 것이다.

우리 주위에는 왜 자석이 흔치 않은가

🐕

철은 자연세계에 광범위하게 존재하는 물질 중 하나다. 그 이유는 철의 원자핵이 다른 원자핵들에 비해 매우 안정된 구조이기 때문이다. 그럼에도 불구하고 우리는 망치나 못 같은 쇳덩어리가 모두 자석이 아님을 알고 있다. 미시 자석끼리 서로 같은 방향으로 정렬해 거시적으로 자성을 드러낼 수밖에 없는 처지에 이르러서도, 자연은 교묘한 방법으로 마지막 단계까지도 자신의 자기적 본성을 숨길 수 있기 때문이다. 그 원인은 물질이 수많은 원자들로 이루어진 것에서 찾을 수 있다.

못은 자석은 아니지만 실제로는 수많은 작은 덩어리자석으로 이루어져 있다. 그 작은 덩어리자석은 수백~수천조개 이상의 철원자가 모인 것이다. 그런 단위를 '자기구역'이라 부르는데, 수천조는 물론 큰 수이지만 물질을 이루는 원자의 수가 1조의 1조배 단위란 사실을 돌이켜보면 그 숫자는 미미한 것이다.

자기구역이 생기는 이유는 무엇일까? 못의 온도가 낮아져 강자성을 띠게 되면, 쌍극자들은 나란히 정렬하기 시작할 것이다. 이때 어떤 쌍극자가 중심이 되어 나란히 되기 시작할지 알 수는 없겠지만, 어쨌거나 일단 형성된 나란한 쌍극자들을 중심으로 하여 정렬현상은 계속될 것이다.

문제는 그렇게 형성되어가던 두 자기구역이 서로 만나면 어떻게 되는가 하는 점이다. 자기구역이 충분히 작은 단위에서는 한쪽이 이겨, 두 구역은 합쳐져 한 방향의 자극을 만들 것으로 짐작할 수 있다. 그러나 두 자기구역이 너무 커진 상태에 이르면, 한 구역 전체의 자극 방향이 다른 자기구역의 전체 자극 방향과 나란히 되는 데 너무 많은 에너지가 필요해져서, 그것이 불가능해지는 단계에 도달하게 된다.

따라서 이런 상태에서 자기구역들은 각자 제멋대로의 자극 방향을 가진 채로 남게 된다. 못이 자석이 아닌 결정적 원인은, 이런 자기구역들의 자극 방향이 제멋대로 향하여 그 평균효과가 사라지기 때문이다.

원자 단위에서부터 최대한으로 숨기려 했던 자성은, 강자성이라는 부자연스러운 상황에 이르러서는 더이상 숨길 수 없는 처지에 몰렸다고 할 수 있다. 그래도 물질을 이루는 원자의 수가 천문학적으로 많기 때문에, 자기구역이라는 거시적으로는 매우 작지만 미시적으로는 매우 큰 원자집단을 구성함으로써 자연세계는 자신의 자성을 끝까지 숨길 수 있었던 것이다. 미소한 자석으로만 이루어진 자연세계가 자신의 자성을 숨겨가는 이러한 여러 단계의 과정은 참으로 오묘하지 않은가!

자연세계의 이런 오묘함을 생각한다면, 자석이라는 것은 존재하지 말아야 한다. 그렇다면 우리가 볼 수 있는 자석은 어떻게 생겨나게 되었단 말인가? 인류에게 나침반은 오래전부터 사용되어왔던 유용한 항해도구였다. 자석이 되어야 할 강자성 물질까지도 그 자성을 보이지 못한다면, 예로부터 쓰이던 나침반의 자석들은 어떻게 만들어진 것일까?

자성을 보이는 철광은 중동의 마그네시아라는 지역과 중국의 특정 지역에만 존재하는 것으로 알려져 있다. 따라서 그 지역의 철광이 어떻게 하여 자성을 띠게 되었는지 궁금하지 않을 수 없다. 그 철광석들은 혹시 지구에서 만들어진 것이 아니라 우주에서 날아온 운석의 일부가 아니었을까?

조금만 더 알려주세요! 〔?〕 **못이 자석이 되는 이유** 제멋대로의 방향으로 향해 있던 쇳덩어리 내부의 각 자기구역들은, 외부에서 강력한 자기장을 가하면 외부 자기장의 방향을 향하게 된다. 따라서 숨어 있던 자기 효과가 강렬하게 드러나 쇳덩어리는 우리가 자석이라 부르는 성질을 띠게 된다. 하나의 자석을 두개로 자르면 두개의 작은 자석이 된다는 사실은 잘 알려져 있다. 작은 원자 자석들이 아보가드로의 수 정도로 모여 있는 것이 자석임을 감안하면, 이 사실은 당연하다. 즉, 자석은 아무리 작은 단위로 잘라도, 즉 원자의 단위까지 잘라도 여전히 각각 자석으로 남아 있다.

자석에서 쌍극자 방향은 S극에서 N극을 향하는 방향으로 약속되어 있다. 또 자기장의 방향은 N극에서 나오는 방향으로 약속되어 있다. 이러한 두 가지 사실을 고려하면, 어떤 자기장에 놓인 쌍극자는 자기장과 같은 방향을 가지려는 경향이 있음을 알 수 있다. 즉, 쌍극자는 자기장과 같은 방향을 가질 때 가장 안정되어 있다 할 수 있다.

어떤 자석 근처에 못을 가져가면, 그 못을 이루는 수많은 자기구역들은 모두 자석에 의한 자기장 방향을 향하려 하게 된다. 자기구역을 유지하는 데 필요한 힘은 자석의 세기가 강할수록 더 커진다. 이런 경향 때문에 많은 자기구역의 쌍극자 방향이 자기장 방향으로 향하게 되며, 못은 거시적으로 자석이 되고 따라서 자석에 끌려와 달라붙게 된다. 또 못의 자기구역들은 이미 정렬된 상태이므로 못을 다시 자석에서 떼어내도 못은 약한 자석으로 남는다.

자연은 전기적 변화에 저항한다

전기와 자기는 오랫동안 서로 별개의 현상으로 이해되어왔다. 그러나 알고보니 전류를 이용하여 자석을 만들 수도 있었다. 그러나 우리가 발견한 더 흥미로운 사실은, 자석을 이용하여 전류도 민돌 수 있다는 사실이었다. 즉, 전기와 자기는 서로 분리될 수 없는 쌍둥이 같은 존재였던 것이다.

도선으로 만든 폐회로를 코일^{coil}이라 부르는데, 코일 근처에서 자석을 움직이면 코일에는 유도전류가 생긴다. 이런 현상을 '전자기유도현상'이라 부른다. 예컨대, 공중에서 은반지를 떨어뜨리는 경우를 생각해보자. 이상하게도, 바닥에 자석을 두고 반지를 떨어뜨리면 반지는 자석이 없는 경우보다 더 천천히 떨어진다. 이것은 반지가 떨어지면서 반지 안에 전류가 만들어지기 때문이다. 즉, 반지는 그 전류 때문에 자석이 되고, 그 자석과 바닥에 놓인 자석 사이에 서로 미는 힘이 작용하기 때문이다.

이때 전류의 방향은 자석에 가까이 다가가는 것을 저항하는 방향인데, 자연계의 기본 특성이 변화에 저항하는 것임을 고려하면 이것은 물론 당연한 결과라 볼 수 있다. 코일은 자석이 다가오는 것을 막는 방향으로 자체 내에 스스로 유도전류를 만들며 자석으로 변신하는 것이다. 또 다가왔던 자석이 멀어지면, 멀어지지 못하게 하는 방향으로 전류를 생성해서 붙잡기도 한다. 자연은 관성이라는 특성을 통해 역학적으로도 운동 상태의 변화에 저항하지만, 전기적인 변화에도 역시 저항하는 것이다.

자기장이 변하면 전기장이 만들어지지만, 그 반대 현상으로 전기장이 시간에 따라 변하면서 자기장이 생기기도 한다. 즉, 전기장과 자기장은 서로가 서로에게 영향을 주는 것이다. 이런 특성은 자연세계에서 가장 이해하기 어려우면서도 흥미로운 현상인 '빛'이 만

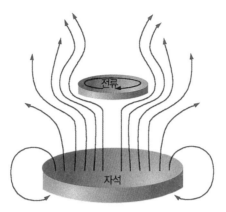

자석 위에 초전도 상태의 도체를 떨어뜨리면,
유도전류가 사라지지 않고 남아서 그 도체는 계속 공중에 떠 있게 된다.

들어지는 원리가 된다.

　　빛이 만들어지는 근원은 진동하는 전하다. 물질을 이루는 원자는 끊임없이 진동하는데, 원자는 전하로 이루어져 있으므로 진동하는 전하에 의해 변화하는 전기장이 만들어지게 된다. 또 그 전기장은 변화하면서 자기장을 만든다. 그렇게 만들어진 자기장도 당연히 시간에 따라 변할 수밖에 없는데, 그러면서 또다시 전기장을 만든다. 이런 상호작용이 계속되어 서로가 서로를 만들어가며 파동처럼 진행하는데, 전기와 자기 현상의 이론 분석으로 얻어진 그 파동의 전파속도는 광속과 똑같았다. 그리고 알고보니 그것이 바로 '빛'이었던 것이고, 따라서 우리는 빛을 '전자파' 또는 '전자기파'라고도 부른다. 우주는 끊임없이 진동하는 원자들로 이루어져 있으므로, 우주는 자연이 만든 빛으로 가득 차 있다. 그 빛들은 눈실에 흡수되이 또다시 물질을 이루는 전하들을 뒤흔들어놓고 그 전하들은 또다시 빛을 만들어내어 우주를 언제나 가득 채우고 있는 것이다.

조금만 더 알려주세요! 🗨️ **전자기유도현상의 응용** 은반지 실험에서 은반지를 공중에 계속 띄울 수는 없을까? 만약 그렇게 할 수만 있다면 우리는 전기의 힘으로 물체가 공중에 떠 있게 만들 수 있을 것이다. 은반지에 전류가 발생하는데도 불구하고 은반지가 계속 떨어지는 것은, 그 전류가 은반지의 저항에 의해 사라져 열에너지로 바뀌기 때문이다. 따라서 그 전류가 사라지지 않고 계속 흐르게만 할 수 있다면 은반지를 공중에 계속 떠 있게 할 수 있다.

매우 낮은 온도에서 한번 생긴 전류가 없어지지 않고 계속 흐르는 현상은 1911년에 처음 발견되었는데, 이런 현상을 초전도현상이라 한다. 따라서 초전도 상태에 있는 물체를 자석 위에 놓으면 그 물체는 공중에 떠 있게 된다. '마이쓰너효과'Meissner Effect라 불리는 이 현상은 어떤 물체가 초전도 상태에 있는지 아닌지 판별하는 아주 쉬운 방법을 알려준다.

초전도현상은 매우 낮은 온도에서만 나타나며, 우리가 살고 있는 상온에서 초전도현상을 보이는 물질은 없다. 최근에 발견된 고온 초전도체는 액체 질소를 이용해 얻을 수 있는 온도인 100K섭씨 영하 173도 근처에서 초전도현상을 보이기는 하지만, 아직도 실용화하여 쓰기에는 너무 낮은 온도다.

은반지가 초전도 상태에 있지 않더라도 공중에 계속 띄우는 것이 불가능하지는 않다. 바닥면에 두었던 자석을 코일로 바꾸고 그 코일에 교류전류를 흘려 변화하는 강한 자기장을 만들면 반지에 만들어지는 유도전류의 방향도 계속 바뀌게 만들 수 있는데, 그렇게 되면 반지에 계속해서 전류가 흐르게 할 수도 있다. 그렇게 되면 반지는 공중에 계속 떠 있게 된다. 기차를 레일 위에 띄워 마찰력을 받지 않게만 할 수 있다면, 비행기를 타는 것과 비슷한 느낌을 줄 것이다. 자기부상열차라 불리는 새로운 개념의 운송수단은 이런 원리를 이용한 것이다.

전자기유도현상은 매우 흥미로운 것으로서, 우리 생활에 광범위하게 이용된다. 예를 들어 교통카드의 칩 속에도 코일이 들어 있어, 외부로부터의 자기장이 생기면 그것에 반응하는 전류가 생성되게 되어 있다. 또한 공항에서 승객이 몸에 지닌 금속무기류를 찾아내거나 지뢰를 찾아내는 데 쓰이는 금속탐지기도 전자기유도현상을 이용한다.

제3장

양자론,
확률만으로 이해되는
세계

원자는 왜 존재하는가

인간은 고대부터 우주를 이루는 모든 물질이 어떤 기본 단위로 이루어졌을 거라 생각해왔다. 과학이 발전하면서 그 가정은 옳다는 것이 밝혀졌고, 19세기에 이르러서는 모든 물질이 '더이상 쪼갤 수 없는'(원자를 뜻하는 단어 atom은 '더이상 쪼갤 수 없다'는 의미다) 100개 정도의 '원자'로 이루어졌음을 알게 되었다. 원자가 물질을 이루는 기본 단위이기는 하지만, 그 원자도 더 작은 단위입자로 이루어졌다는 사실이 곧이어 알려지게 되었다. 원자는 양전기를 띤 원자핵과 그 주위에서 운동하는 전자로 이루어졌음이 밝혀진 것이다.

　　원자 속의 전자는 어떤 운동을 하고 있을까? 처음에 사람들은 전자가 핵 주위에서 원운동하는 것으로 상상했다. 예로부터 원운동은 가장 완전한 운동으로 여겨졌고, 태양 주위에서 거의 완전한 원운동을 하는 지구나 다른 행성들이 좋은 모델이었기 때문이다. 그러나 20세기에 들어서 전자가 가속운동을 하면 빛이 생성된다는 사실이 알려지면서 과학자들은 큰 어려움에 봉착하게 되었다.

일정한 빠르기로 직선 위에서 달리는 기차의 운동 등은 가속도가 없는 운동이다. 그러나 용수철에 매달려 진동하는 운동이나 원운동은 방향이나 빠르기가 계속 바뀌는 운동이므로 가속도운동이다. 따라서 전자가 원운동을 한다면 빛을 내야만 하고, 빛을 내면 그만큼 에너지가 줄어들어 전자는 결국 핵 속으로 빨려 들어가야 한다. 지구를 도는 인공위성들이 에너지를 조금씩 잃어 언젠가는 다시 지구로 떨어지는 것과 마찬가지다.

따라서 전자가 원운동을 한다면 원자들은 존재할 수 없어야 한다. 전자는 결국은 핵에 빨려 들어갈 것이고, 따라서 물질은 존재하지 말아야 했던 것이다. 이런 깨달음은 큰 충격이었다. 원운동이 아니라면 원자 속의 전자가 어떤 운동을 하는지 상상할 수 있는 모델이 없었기 때문이었다. 결국 지난 100여년간 우리 인간은 '원자는 왜 존재하는가'라는 의문을 해결하지 못한 채 지내왔다.

인간의 능력으로 원자 속 전자의 운동을 이해하지 못한다는 좌절감은 매우 컸다. 그리고 그 문제를 해결하는 방법을 찾기가 불가능하다고 생각하는 사람들이 늘어감에 따라, 과학자들은 "원자는 왜 존재하는가"라는 의문 대신 "원자는 어떻게 존재하는가"라는 문제에 대해 해결 방안을 찾는 쪽으로 방향을 돌리게 되었다. 그런 방향으로 이루어나간 지난 100년간의 학문을 양자론이라 부른다.

양자론에서는 전자나 전자와 같은 모든 미시적 존재들을 입자로 취급하지 않고 파동으로 취급한다. 전자가 어떤 모양을 가진 파동인지 설명하거나 그릴 수는 없지만, 전자 같은 미시적 존재들은 입자처럼 보이는 파동현상이라는 생각이었다. 파동이란 시간과 공간에 걸쳐 진동하는, 어떤 범위에 걸쳐 존재하면서 그 위치가 한 점으로 표현될 수 없는 현상이다. 따라서 우리는 물질을 이루는 기본적인 존재가 입자라는 생각을 포기할 수밖에 없게 된 것이다. 파동으로 전자를 나타낸다는 의미는, 원자 속 전자의 운동을 정확히 기술하는 대신 '어느 위치에 전자가 있을 확률은 얼마다'라는 식의 결과로 전자의 운동을 기술함을 뜻한다.

이러한 타협은 아인슈타인 같은 일부 과학자들에게는 받아들일 수 없는 것이었다. 아인슈타인은 "신은 주사위 놀이를 하지 않는다"라는 말로 인간 스스로 정한 인간의 한계에 불만을 표현했다. 그러나 그를 포함해 누구도 다른 대안을 제시하지는 못했고, 오늘날 우리는 인간의 한계를 인정하는 이러한 입장이 자연의 본래 모습이라고 여기는 매우 겸허한 전제를 받아들이고 있다.

양자론에서는 모든 것이 파동이라 본다. 그리고 그 파동이 단지 입자처럼 보일 뿐이라고 말한다. 그 파동은 물론 사인함수 같은 조화함수들이 뭉쳐진 복합파동일 수도 있다. 그리고 그런 덩어리 파동은 입자처럼 보인다는 것이다. 전자를 나타내는 파동덩어리는 입자처럼 행동하지만, 때에 따라서는 파동성을 드러낼 수도 있다. 도대체 '입자처럼 생긴 파동'이란 어떤 것이며, '파동처럼 행동하는 입자'란 어떤 것이란 말인가? 파동이란 진동수와 파장을 가지고 전파되는 현상을 뜻하는데, 입자가 가지는 진동수와 파장이란 도대체 무얼 뜻한다는 말인가? 이러한 개념은 우리 인간이 상상하거나 설명하기가 불가능한 것들이다.

> **조금만 더 알려주세요!** 〔⋯⋯〕 **원자의 크기** 원자의 크기는 흔히 나노미터라는 단위로 나타내는데, 1나노미터는 1미터의 10억분의 1과 같다. 이것은 원자 10억개를 늘어놓으면 1미터가 된다는 뜻이다. 원자의 크기도 작지만, 핵의 크기는 더더욱 작아서 그 반지름이 원자 반지름의 10만분의 1 정도밖에 안된다.

빛의 정체는 무엇인가

물질을 이루는 기본 입자들이 파동처럼 행동한다는 생각은 빛을 이해하려는 과정에서 이미 예견되었다. 빛은 끝없이 만들어지고 사라지는 존재이므로, 전자나 양성자같이 '엄연히' 존재한다고 말할 수는 없지만, 입자처럼 보이기도 하고 파동처럼 보이기도 해 우리를 매우 혼란스럽게 만들어왔던 존재였다.

　뉴턴은 빛이 파동성을 가진다는 사실을 잘 알고 있었지만, 빛의 직진하는 특성 때문에 빛은 입자라고 생각했다. 그러나 호이겐

스라는 과학자는 빛이 간섭현상을 보이기도 하고, 또 장애물을 휘어 돌아가는 회절^{에돌이}현상을 보인다는 점에서 파동임을 '증명'했다.

한편 20세기에 이르러서도 이해할 수 없었던 대표적 현상 중 물체에서 나오는 빛의 진동수 분포에 관한 것이 있다. 뜨거운 난로에서는 우리를 따뜻하게 해주는 보이지 않는 적외선이 가장 많이 나오지만, 그밖에도 난로가 시뻘겋게 보이게 하는 붉은빛을 포함해서 온갖 종류의 빛이 다 나온다. 반면에 태양의 표면온도라 추정되는 6000K에서 가장 많이 나오는 빛은 초록에 가까운 노란빛이다. 그렇다면 문제는 난로에서 나오는 빛이 왜 그렇게 분포하는가라는 점이었다. 다시 말하면, 수백도 정도인 난로에서는 왜 적외선이 가장 많이 나오고, 6000K 정도의 물체에서는 왜 노란빛이 가장 많이 나오는지 설명할 수 없었던 것이다.

독일의 과학자 플랑크는 이때 사람들이 믿기 어려운 가설을 하나 내놓았다. 즉, 눈으로 볼 수는 없지만, 빛은 하나둘 하고 셀 수 있는 단위로만 방출된다고 가정해야만 그 이유를 설명할 수 있다는 것이었다. 이것은 빛이 하나씩 나누어진 덩어리로 방출된다는 대담한 가정이며, 따라서 빛이 '입자'라고 선언하는 것이나 다름없었다. 그런 빛덩어리에는 광자 또는 광양자라는 이름이 붙여졌다. 플랑크는 물체가 내는 빛의 스펙트럼을 설명하려면 빛이 입자 같은 덩어리 단위로만 존재한다는 것을 또다시 '증명'한 셈이다. 파동의 성질을 잘 드러내는 빛도 실제로는 덩어리 단위로만 존재하는 입자로 볼 수 있다는 사실은 우리를 혼란스럽게 한다.

그렇다면 빛의 정체란 과연 무엇인가? 전기적인 진동을 하는 '파동처럼 보이는 입자'란 무엇을 뜻하는가? 빛이 얼마나 난해한 존재인가는, "모든 물리학자는 자신이 광자^{光子}가 무엇인지 안다고 생각한다. 그러나 나는 일생 동안 광자가 무엇인지 알아보려고 애써왔지만 여전히 그 정체를 모르고 있다"라는 아인슈타인의 말 속에 잘 드러나 있다. 인간은 그림으로 그려낼 수 없는 자연세계의 새로운 측면과 마주치게 되었던 것이다.

> **조금만 더 알려주세요!** 〔?〕 **빛의 입자성** 빛이 입자라는 생각은 광전효과라 불리는 현상에서도 이미 예견되었다. 광전효과란 빛을 쪼인 금속판에서 전자가 튀어나오는 현상인데, 빛의 진동수가 어느정도보다 작아지면 아무리 많은 빛을 쪼여도 전자가 나오지 않지만, 그보다 더 큰 진동수의 빛을 매우 조금만 쪼여도 전자를 떼어낼 수 있다는 것이다. 1905년 아인슈타인은 빛이 입자라 가정하면 광전효과를 설명할 수 있음을 보였다.

빛은 정말로 입자인가

빛이 파동성을 가지지만 입자처럼 어떤 기본 단위로만 존재한다는 사실은 오늘날 광증폭기라는 실험기기를 통해 직접 볼 수 있다. 광증폭기에 빛을 쪼이면 아무리 미약한 세기의 빛이라도 여러 단계를 거쳐 측정 가능한 신호로 만들 수 있는데, 희미한 빛밖에 없는 곳에 둔 광증폭기는 '떡떡' 하는 소리를 내며 빛 알갱이 하나하나가 올 때마다 그 사실을 알려준다. 빛이 그와 같이 진정으로 입자 같은 단위로만 존재한다면, 우리는 인간의 과학적 한계를 인정해야만 하는 다음과 같은 상황에 마주치게 된다.

유리창을 통해 밖을 볼 수 있다는 사실에서 알 수 있듯이, 빛은 유리를 통과한다. 그러나 유리에 햇빛이 반사되듯이 유리는 빛의 일부를 반사하기도 한다. 대부분의 유리는 수직으로 입사한 빛의 96% 정도를 통과시키고 4% 정도를 반사시키는데, 반사되는 비율은 유리의 굴절률에 따라 결정된다. 빛을 전기적 파동이라 한다면, 빛을 공기 중에서 유리로 입사시킬 때 어떻게 반사되거나 투과하는지 살펴봄으로써 빛의 모든 특성이 잘 설명될 수 있다. 그러나 앞에서 말했듯이 빛은 입자 같은 단위로만 존재하지 않는가?

빛을 입자 같은 단위로 보게 되면, 유리에 빛을 비추는 것은 광자를 쏜다는 것과 같다. 예를 들어 100개의 광자를 유리면을 향해 쏜다면, 그중 평균 96개 정도가 유리 속으로 진행하고 평균 4개 정도가 되튀어나오는 현상으로 보이게 된다. 그러나 광자들은 모두 똑같은 것들로서 그것들을 구별할 능력이 우리에게는 없다. 그렇다면 100개 중 어떤 광자는 반사하고 어떤 광자는 투과해 그대로 진행한다는 말인가?

이런 현상에 존재하는 난해함은 빛의 반사를 좀더 기술적으로 실험해서 광자를 하나씩 쏠 수 있다고 가정할 때 더 잘 드러난다. 만약 100개의 광자를 하나씩 쏠 수 있다고 하자. 하나씩 쏘아진 광자는 우리가 알 수 없는 이유로 반사되거나 투과될 것이다. 흥미로운 점은 각각 쏘아진 광자들은 서로 어떤 약속도 하지 않았지만, 결과적으로는 100개 중 4개가 '자발적'으로 반사되는 길을 택한다는 것이다. 우리는 100개 중 4개가 반사된다는 확률에 내기를 걸어도 좋다. 이길 확률은 매우 클 것이다.

이 경우 광자 100개가 서로 교신해서 자신들 중 4개를 선택하는 것은 아니라는 점을 확실히해두자. 이때 만약 95개의 광자 중 3개만 반사되었다고 하자. 확률적으로는 100개 중 4개가 반사되는 것이라고 알려져 있다. 그러므로 이때 우리는 나머지 5개의 광자 중 한개만 반사될 것이라는 쪽에 내기를 걸고 싶어할지도 모른다. 그러나 이 경우 내기를 걸면 질 확률이 매우 크다. 100개의 광자들이 서로 교신해서 4개가 반사되기로 약속했다기보다는, 각각의 광자가 4%의 확률로 반사되도록 만들어졌기 때문이다. 자연은 이와 같이 묘한 것이다.

이와 비슷한 상황은 모든 미시적 세계의 현상에서 나타난다. 예를 들어 붕괴하는 방사능원자의 핵을 보자. 우라늄이나 라듐 같은 무거운 원자핵들은 스스로를 지탱하기 어려워하는 존재들로서, 시간이 지나면 붕괴하여 더 안정된 작은 원자핵들로 갈라진다. 이 경우의 문제는 100개의 방사능원자의 핵이 있을 때, 얼마 후 어떤 핵들이 붕괴하고 어떤 핵들이 그대로 남아 있을지 우리가 전혀 예측할 수 없다는 데 있다. 우리가 아는 한 모든 핵은 똑같이 생겨서 구별할 도리가 없으므로 그런 사실은 당연하게 받아들여질 수 있다. 그러나 핵들은 서로 교신이라도 하는 듯이 얼마의 시간이 지나면 정확하게 어느정도의 숫자만큼만 붕괴한다. 실제로 서로 교신을 하지 않으면서도 그렇게 진행된다는 것은, 각각의 핵이 자신만의 어떤 정해진 확률로 붕괴한다는 자연의 진리를 다시 한번 보여준다.

자연은 우리에게 자신의 가장 은밀한 비밀을 숨길 수 있도록 만들어져 있는 것이 아닐까? 현대과학은 자연에 대한 인간의 그러한 인지 한계를 인정해야 한다는 방향으로 흘러가고 있다. 우리는 유리판에 입사한 광자의 운명이 '확률'로서만 결정되고, 개개 광자의 운명을 예측할 능력은 없다고 생각하게 된 것이다.

하나의 광자가 두 틈을 동시에 통과한다?

이제 빛에 또다른 이상한 성질이 무엇이 있는지 알아보자. 마흐-쩬더Mach-Zehnder의 실험이라 부르는 실험에서는 두개의 반半투과성 거울과 두개의 거울을 이용한다. 한 광원으로부터 나오는 빛을 반투과성 거울에 비춘다고 하자. 반투과성 거울이란 입사한 빛의 반은 투과하고 반은 반사시키는 기능을 가진 거울이다. 이때 세기가 원래 빛의 1/2인 투과된 빛을 다시 또다른 반투과성 거울에 비추면 그중 반은 다시 투과하고 반은 반사하게 된다. 즉, 두번째 거울에 의해서 원래 빛은 각각 1/4 세기의 빛으로 투과하거나 반사된다.

이제 첫번째 반투과성 거울에서 반사한 빛을 다시 또 반투과성 거울에 비추면 똑같은 일이 일어난다. 즉 이 경우에도 두번째 반

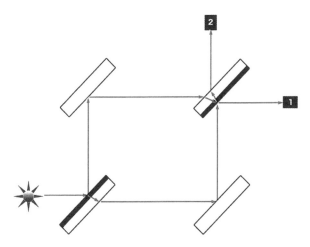

하나의 광자는 자기 스스로 간섭하는가?
마흐-쩬더 실험은 양자세계의 기묘함을 잘 보여준다.

투과성 거울은 역시 1/4 세기만큼의 빛을 투과하거나 반사시킨다.
이런 실험결과는 쉽게 예측할 수 있고 또 검증된다.

문제는 첫번째 거울에서 투과하고 반사된 빛을 적절한 방법
으로 다시 모을 때 나타난다. 첫번째 반투과성 거울에서 투과하거나
반사되어 다른 길로 갈라져간 두 빛을 다시 모은 위치에 두번째 반
투과성 거울이 있다면, 그렇게 모인 빛은 간섭하여 우리가 예측하지
못한 결과를 보여준다.

상식적으로는 두 방향으로부터의 빛이 두번째 반투과성 거
울 위치에서 모여도 반투과성 거울을 지난 후 빛은 각각의 방향으로
원래의 1/2 세기로 측정되어야 한다. 그러나 실제로는 앞의 그림의
1번 검출기 쪽으로만 빛이 모이며, 이런 특성은 빛을 파동이라고 볼

때의 간섭현상으로는 설명할 수 없는 것이다.

이제 빛을 광자라는 입자로 보고 이 상황을 다시 설명해보자. 광원에서 나오는 광자가 하나씩 나온다고 가정하면 광자는 반투과성 거울에 부딪칠 때 투과하거나 반사되어야 한다. 광자는 반으로 '나눠지는' 존재가 아니기 때문이다. 이 경우 우리가 맞닥뜨리게 되는 첫번째 문제는, 거울에서의 반사와 같이 모든 광자가 다 똑같기 때문에 어떤 특정한 광자가 투과할지 반사될지 전혀 판단할 수 없다는 점이다. 우리는 단지 투과할 확률과 반사될 확률이 각각 1/2이라 말할 수 있을 뿐인 무능력한 존재임을 인정하게 된다.

두번째 문제는, 하나의 광자가 투과하든지 아니면 반사되든지 하면서 진행한 상태에서 어떻게 간섭현상이 일어나는가 하는 점이다. 간섭현상은 두개의 광자가 상호작용할 때만 생기는 현상이 아니었던가? 하나의 광자가 두 경로를 동시에 진행하여 간섭했다는 말인가? 이것은 상식적으로 받아들일 수 없는 설명이다. 광자가 실제로 한 경로로만 진행한다는 사실은 검증될 수 있는 당연한 사실이기 때문이다. 그러나 날아갈 수 있는 경로를 하나 더 열어놓기만 해도 광자는 마치 그 사실을 아는 것처럼 행동한다. 이러한 문제는 미시적 세계가 우리에게 익숙한 거시적 세계와 얼마나 다른지 보여준다. 자연세계는 얼마나 이상한가!

하나의 광자는 두 틈을 동시에 통과했다

어떤 면으로 보나 확실하게 파동이라 밝혀졌던 빛이 사실은 덩어리 단위로 된 입자처럼 행동한다는 점에서, 우리는 다음과 같은 의문을 가질 수 있다. 즉, '그렇다면 우리가 확실하게 입자로 알고 있는 전자 같은 존재들도 사실은 파동이 아닐까'라는 의문이다. 전자를 본 사람은 없지만 우리는 전자가 입자처럼 행동하는 현상을 여럿 보아왔다. 예를 들어 브라운관 텔레비전 화면에 전자가 부딪치면 그 자리에서 빛이 나오는데, 우리는 그 빛을 봄으로써 입자 같은 전자가 그 곳에 와 부딪쳤다는 것을 안다. 전자는 음극선실험을 통해 직선운동을 하는지 아닌지 여부까지 관찰할 수 있는, '정말로' 입자같이 보이는 존재이기 때문에 전자가 사실은 파동일지도 모른다는 생각은 매우 대담한 것이다.

이런 생각을 처음 한 사람은 프랑스의 드브로이^{de Broglie}라는 과학자였다. 드브로이는 "우리가 입자라고 생각하는 존재들도 사실은 파동처럼 행동하며, 그 파장은 입자의 운동량에 반비례한다"라고 제안했다. 드브로이가 생각한, 질량을 가진 입자를 나타내는 그런 파동은 '물질파'라 불린다. 이러한 입장에서 보면, 일반적으로 전자가 파동처럼 보이지 않는 이유는, 전자가 일반적인 상황에서 운동할 때 그 물질파 파장이 매우 짧아서 엑스선의 파장 정도에 불과하기 때문으로 해석된다.

운동량은 질량에 비례하므로, 일반적으로 양성자같이 전자보다 무거운 입자의 물질파 파장은 극히 짧을 수밖에 없다. 엑스선같이 파장이 짧은 빛은 에돌이현상을 거의 보이지 않고 직진하므로 파장이 매우 짧은 전자의 파동도 역시 직진할 것이며, 따라서 입자처럼 보일 수밖에 없었던 것이다. 파장이 짧아질수록 입자성이 강해진다는 점을 고려하면, 질량이 커질수록 입자성이 더 강해진다고 생각할 수 있다(전자를 파동처럼 볼 수 있다는 생각은, 전자를 이용해 매우 미세한 구조를 조사하는 현미경을 만들려는 시도의 이론적 바탕이 되었는데, 그런 현미경을 전자현미경이라고 한다).

전자의 파동성은 간섭실험으로 잘 확인된다. 가까운 두개의 좁은 틈을 통해서만 전자가 지나갈 수 있도록 만들면, 두 틈을 통과한 전자들은 스크린에 간섭무늬를 만든다. 이때 가깝다는 것은 그 간격이 전자의 물질파 파장의 몇배 정도 이내임을 뜻한다. 간섭무늬란 파동의 대표적 특성 중 하나로, 위치에 따라 규칙적으로 강약이 나타나는 현상이다. 전자가 간섭무늬를 만들었다는 말은, 스크린에 부딪친 전자들이 골고루 분포되지 않고 규칙적으로 특정 부분에만 몰려서 분포한다는 뜻으로서 전자가 파동처럼 행동했음을 뜻한다.

그러나 이러한 실험에는 더 이상한 점이 내포되어 있다. 이 실험을 다음과 같이 다시 했다고 가정해보자. 즉, 전자를 하나씩만 쏠 수 있다고 가정하고, 한번에 하나씩 여러개의 전자를 쏘았다고 하자. 그렇게 하면, 전자는 언제나 홀로 여행하며 다른 전자와는 무관하게 여행하게 된다. 이때 문제는, '이때에도 간섭무늬가 나타날 것인가' 여부이다. 이해할 수 없는 사실은, 놀랍게도 이때에도 간섭

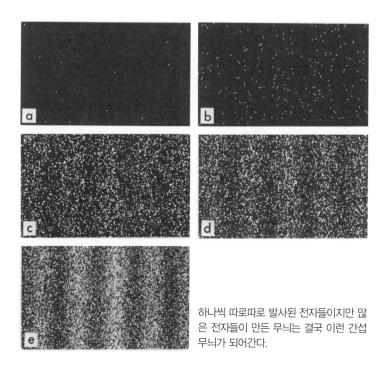

하나씩 따로따로 발사된 전자들이지만 많은 전자들이 만든 무늬는 결국 이런 간섭무늬가 되어간다.

무늬가 나타난다는 것이다. 이것은 서로 전혀 무관하게 다른 시각에 쏘아진 여러개의 전자들이 '결과적'으로는 서로 연관되어 있음을 의미한다. 1분 뒤 날아간 전자가 그전에 이미 날아갔던 전자와 어떤 상관관계가 있다는 것은 물론 너무 엉뚱하고 비논리적인 생각이다.

그렇다면 하나하나의 전자는 각각 자기 자신과 간섭했다는 말인가? 자기 자신과 간섭한다는 말은 도대체 무엇을 뜻하는가? 우리는 이런 식의 생각을 이해할 수 없으며, 따라서 상상할 수도 없다. 전자 같은 존재가 어떻게 생겼는지는 알 수 없는 우리로서는, "자연은 그렇게 우리가 이해할 수 없도록 만들어진 것이다"라고 말할 수밖에 없게 된다. 만약 누가 전자를 굳이 입자라고 고집하고 싶다면, 그는 "하나의 전자는 두 틈을 동시에 통과했다"라고 엉뚱한 말을 할 수밖에 없게 되는 것이다. 그러나 전자가 두 틈 중 한 곳으로만 지나간다는 사실은 쉽게 검증될 수 있는 사실이므로, 그런 말을 받아들일 수도 없는 것이 우리의 고민이다.

이 실험에서는 흥미로운 것이 또 있다. 잘 알려져 있듯이 전자가 입자처럼 행동한다는 사실은 틀림이 없다. 따라서 전자가 확실히 입자임을 고집하는 사람이 있어, 전자가 두 틈 중 어느 곳으로 통과했는지까지도 알겠다는 욕심을 낸다고 하자. 만약 둘 중 어느 틈을 통해 지나갔는지 알아내는 실험을 한 경우에도 간섭무늬는 여전히 남아 있을 것인가?

실험을 해서 전자가 어느 틈으로 통과했는지 알아내게 되면, 이상하게도 간섭무늬는 사라져버린다. 그러므로 전자를 '관측하는' 행위는 전자의 파동에 영향을 주어, 관측된 전자는 원래의 본성을 잃은 다른 파동이 되어버린다고 생각할 수밖에 없다. 즉, 자연은 우리에게 "너무 많이 알려고 하지 말라"고 말하고 있는 것이다!

과학적 합리성이라 불리는 것 중 하나는 '똑같은 조건에서 이루어진 실험은 언제나 똑같은 결과에 이르러야 한다'이다. 그러므로 '똑같은' 조건에서 전자를 쏘았을 때, 그 전자가 어느 틈을 통과할지 예측할 수 없다는 것은 매우 불만족스러운 일이다. 이것은 마치 주사위를 던지는 상황과 같아서, 전자가 어느 틈을 통해 지나갔는지는 어떤 과학적 방법으로도 예측 불가능하고 오직 확률로만 말할 수 있다는 뜻이 된다.

나는 진실로 존재하는가

양자론은 미시적 세계에서의 현상을 이해하는 데 큰 도움을 주어왔지만, 우리가 쉽게 받아들이기 곤란한 많은 요소들을 가지고 있다. 양자론에서는 모든 것을 '파동함수'라는 것과 확률로서만 말한다. '슈뢰딩거Schrödinger의 고양이'라는 양자론의 유명한 이야기를 통해 우리가 양자론이라는 체계를 받아들이면서 실제 자연세계를 이해하는 데 얼마나 많은 양보를 해야만 했는지 알아보자.

가려진 상자 속에 고양이가 한 마리 있다고 하자. 그 상자 속에는 방사성원소가 들어 있어 임의의 확률로 방사선이 나올 수 있고, 그 방사선의 작용으로 고양이가 죽을 수도 있다. 따라서 얼마 후 가려진 상자 속의 고양이는 살아 있을 수도 있고 이미 죽었을 수도 있다. 양자론에서는 이때 고양이의 상태를 '산 상태'와 '죽은 상태'의 '중첩상태'로 기술할 것을 요구한다. 즉, 고양이의 생사는 우리가 문을 열어보기 전에는 알 수가 없다는 것이다. 그리고 문을 열어 생사가 확인되는 '순간'에 그 '중첩상태'가 '산 상태'나 '죽은 상태' 중 하나로 '결정된다'는 것이다(영어로는 중첩상태 파동이 무너지고 새로운 상태로 된나는 의미의 collapse라는 표현이 흔히 쓰인다).

그러나 문을 열어보지 않은 상태에서도 고양이는 이미 죽었거나 살아 있거나 둘 중 한 상태일 것임을 '직관'과 '경험'으로 우리는 알고 있다. 예를 들어 목숨을 건 모험이긴 하지만, 상자에 든 것이 고양이가 아니라 나 자신이라면, 내가 살아 있는 동안은 적어도 나는 내가 살아 있다는 것을 인지하지 않겠는가? 따라서 문을 열고 보는 순간에야 반쯤 죽은 고양이가 살거나 죽게 된다는 것은 불만족스런 타협임이 분명하다. 그러나 양자론에서 기술하는 측정의 문제에서는 이러한 우리의 '직관'과 '경험'을 인정하지 않는다. 어떤 '사실'이건 그것이 측정되는 순간에야 '사실'로 인정되고, 측정 전에는 오직 '확률'로서만 존재할 뿐이다.

아인슈타인은 인간의 한계에 대한 양자론에서의 인식을 거부한 것으로 유명하다. 어느 날은 산책하다가 해를 가리키며 동료에게 "저 해도 우리가 볼 때에만 있다는 말인가?"라며 양자론에 대한 회의를 나타냈다고 한다. 그러나 지금에 와서 여러 가지 증거들은 우리에게 양자론을 수용하라고 요구한다. 자연을 이해하는 데 인간의 한계를 인정할 수밖에 없다는 더 많은 사실들이 밝혀진 것이다.

확률로만 이해되는 우리 세계는 매우 철학적이다. 예를 들어, 오늘 내가 살아 있는 현상을 생각해보자. 우주의 150억년 역사와 광대한 우주 공간 속에서 오늘 하루 내가 존재할 확률은 사실상 0이나 다름없다. 그래도 나는 내가 존재함을 인식하고 있고, 나는 엄연히 존재하지 않는가! 나는 확률로 보아서는 존재할 가능성이 사실상 없는 존재이지만 1의 확률로 현재 존재하고 있는 것이다.

'슈뢰딩거의 고양이'의 비유를 빌리면, 우주의 시공간 스케일에서 양자론적으로 나를 나타내는 파동함수는 '(사실상 무한한) 존재하지 않는 상태 + (사실상 0의) 살아 있는 상태'의 중첩상태이다. 그러나 나 자신이 나를 인식하거나 누가 나의 존재를 인식해주는 그 순간, 나를 기술하는 파동함수는 '살아 있는 상태'가 되어버리는 것이다. 나는 나 스스로를 인식하고 있는 상태에서나 이웃이 나의 존재를 인식해줄 때에만 존재하는 것인가?

양자론에서의 이러한 인식은 프랑스의 철학자이며 과학자였던 데까르뜨의 유명한 말, "나는 생각한다. 그러므로 나는 존재한다."Cogito ergo sum를 다시 생각해보게 한다. 그 글의 일부를 옮겨놓으면 다음과 같다.

> 내가 육신도 없고, 세계라는 것도 존재하지 않으며, 내가 있는 장소라는 것도 없다고 가상할 수는 있지만, 그렇다고 내가 존재하지 않는다고 생각할 수는 없다. 내가 다른 것의 진리성을 의심하는 것에서도 확실하게 내가 존재한다는 결론을 얻게 되는 것이다. 또한 내가 단지 생각한다는 것만으로도 확실하게 내가 존재한다는 결론을 얻는다. 또한 내가 단지 생각하는 일을 그만두었다고 하면, 비록 그때까지 내가 상상했던 모든 다른 것(나의 신체나 세계)이 진실이었다 해도, 내가 그 사이 존재하고 있었다고 믿을 아무런 이유도 없는 것이다.
> 아무튼 이런 일로부터 나는 다음을 알아차렸다. 즉, 나는 하나의

실체로서 그 본질 혹은 본성은 다만 생각한다는 것 이외의 아무 것도 아니고, 존재하기 위한 어떠한 장소도 필요하지 않으며, 어떠한 물질적인 것에도 의존하지 않는다고 하는 것을. 따라서 이 '나'라고 하는 것, 즉 나를 존재하도록 하고 있는 바의 '정신'은 물체로부터 완전히 분리되어 있는 것이며, 또한 정신은 물체보다도 인식하기가 쉽고 비록 물체가 존재하지 않는다 해도 정신은 정신으로서 존재하기를 그만두지는 않으리라는 것을.

양자론의 시각으로 자연세계를 보는 과학이 나타나기 몇백년 전에, '실존'의 문제에 대한 이러한 철학적 성찰이 이미 있었다는 것은 매우 놀라운 일이라 아니할 수 없다.

조금만 더 알려주세요! 💬 **비트와 큐피트** 미시적인 양자세계는 매우 단순해서 +와 -, 또는 예와 아니오 같은 단지 두 가지 선택만 허용하는 세계라고 우리는 알게 되었다. 세상의 모든 것이 그러한 단순한 논리로 설명될 수 있다는 사실을 보여주는 좋은 예로 우리가 일상에서 쓰는 컴퓨터를 들 수 있다.
컴퓨터의 구조는 수많은 '예' 또는 '아니오' 선택이 가능한 소자로 구성되어 있는데, 그런 소자를 비트^{bit}라고 부른다. 즉, 컴퓨터의 논리 계산은 수많은 비트의 연결을 통한 연산으로 이루어지고, 또한 컴퓨터 내에서 모든 자료도 비트로 이루어진 이진법 수로 나타내 기록된다. 예컨대 1010, 10110, 111101 같은 수는 각각 다른 정보를 가진 개체로 인식되어 저장되는데, 영어나 한글의 자모는 수십 개에 불과하므로 각각의 문자에 이진수를 짝 지으면 어떤 책이든 숫자만으로 기록할 수 있게 된다.

그러나 양자세계에는 '예'나 '아니오' 중 어느 하나라고 말할 수 없는 존재도 있을 수 있다. 그런 존재를 큐비트qubit라고 부르는데, 비트가 단지 두 가지 가능성을 지닌 개체인데 비해 큐비트는 수많은 가능성을 가진 신비로운 개체라고 할 수 있다. 흥미로운 점은 그 큐비트는 큐비트로 있는 상태에서만 수많은 가능성을 지니며, 일단 관찰 과정을 거치면 비트로 변환된다는 것이다. 즉 큐비트라는 개체는 자신의 정체가 밝혀지기 전까지는 신비로운 존재로 남아 있지만, 자신의 정체에 대한 정보가 드러나는 순간 신비성을 잃은 평범한 비트로 변해버린다. 예컨대 마흐-젠더 간섭계에서 반투과 거울에 입사한 하나의 광자는 누군가 그 광자의 경로를 알아내기 전에는 큐비트 상태라고 할 수 있고, 누군가 그 경로를 알아낸 순간 비트 상태로 전환되었다고 할 수 있다.

이처럼 양자론에서는 관찰자의 존재가 매우 중요한 의미를 가진다. 관찰자가 정보를 가지는지 아닌지에 따라 다른 세상이 되는 것이다. 즉 우리가 무엇을 인식하는지에 따라 세상이 달라진다고 보는 셈인데, 그런 관점에서 본다면 우리가 하루하루 살아간다는 것은 세상을 계속 변화시키는 과정이라고 할 수 있다. 그렇다면 우리 생명체는 매 순간 새로운 세상을 열어가는 존재라고 할 수 있지 않을까?

미시세계를 보는 데는 한계가 있다

현미경은 작은 물체를 볼 수 있게 해주지만, 분자같이 아주 작은 것까지 보여주지는 못한다. 그 이유는 우리 눈이 감지할 수 있는 빛은 500나노미터 정도의 파장을 갖기 때문이다. 현미경으로 500나노미터보다 작은 크기의 물체를 보면 그 모양이 식별이 되지 않는데, 빛의 파장이 그 한계로 작용하기 때문이다.

더 자세히 보려면 파장이 더 짧은 빛을 써야만 하는데, 원자의 크기는 0.1나노미터 정도이므로, 원자 단위의 입자를 보려면 파장이 그 정도 되는 엑스선 같은 빛을 이용해야 한다. 그런데 파장이 짧은 빛일수록 더 큰 에너지를 가진 덩어리로 이루어졌다고 볼 수 있다. 따라서 엑스선이 원자 같은 작은 입자에 의해 산란되는 경우, 작은 입자는 가시광선 빛덩어리에 부딪친 경우보다 훨씬 더 큰 충격을 받을 수밖에 없다. 가시광선에 부딪친 입자도 그 충격으로 인해 원래의 위치에 머물지 못하겠지만, 에너지가 더 큰 엑스선에 부딪친 물체는 훨씬 더 큰 충격을 받으므로, 결국은 처음 위치와는 다른 곳에 가 있게 될 것이다.

이와 같이 더 정확히 입자의 위치를 알려고 할수록 더 짧은 파장의 파동이 필요하게 되고, 그렇게 될수록 입자에 더 큰 영향을 미치게 된다. 즉, '입자가 정확히 어디에 있다고 측정하는 순간 입자는 더이상 그 자리에 있지 않게 되는' 것이다. 이것은 노자의 『도덕경』 첫머리에 나오는 유명한 말인 '명가명비상명名可名非常名'이 말하고자 하는 것과 일맥상통하지 않는가! 노자는 '무엇을 무엇이라 하면 그것은 더이상 그것이 아니다'라고 봤는데, 작은 세계에서는 '무엇이 정확히 어디 있다고 하면, 그것은 더이상 그곳에 있지 않다'라고 할 수 있는 것이다. 이런 사실은 인간의 능력으로는 자연의 진정한 미시적 상태를 알아내는 것이 불가능하다는 것을 의미한다고 볼 수 있다. 이런 사실을 '하이젠베르크의 불확정성 원리'라고 부른다.

우주의 미래는 이미 결정되어 있는가

우주의 미래는 이미 결정되어 있는가? 뉴턴의 운동법칙으로 우주의 모든 물체가 운동한다면 그래야 한다. 물체의 운동 상태는 위치와 속도로 나타낸다. 즉, 어느 곳에서 어떻게 운동하는지에 관한 정보 말이다. 운동법칙에 의하면, 이 양들이 알려지면 물체가 다음 순간 어떤 상태에 있을지 정확히 기술할 수 있다. 따라서 초기 우주의 모든 물체에 대해 지금 상태로부터 다음 순간의 모든 상태가 결정될 수 있다.

18세기 프랑스 과학자 라쁠라스^{Laplace}는 뉴턴의 운동법칙으로 우주 만물의 운동이 다 예측될 수 있다고 보았다. 그는 '우주의 미래가 이미 결정되어 있는 채'로 우주의 역사가 전개된다고 보았던 운명론자였던 것이다. 그러나 20세기에 들어서면서 인간은 '위치와 속도를 동시에 정확히 나타내는 것이 가능한가'에 대해 회의를 품기 시작했다. 매우 짧은 빛을 이용하여 입자의 정확한 위치를 알아내었다 해도 그 빛의 영향 때문에 입자는 더이상 그 자리에 있지 않으며 어디를 향해 어떤 속도로 날아갔는지도 알 수 없었던 것이다. 이처럼 어떤 상태에 있는 입자의 위치와 속도를 정확히 나타내는 것이 불가능하다면, 그 입자의 나중 상태가 어떻게 될지를 계산하는 것도 당연히 불가능해질 수밖에 없다.

그러므로 원자 속의 전자가 어떻게 운동하는가를 기술하려고 할 때, 그 운동을 기술하기 위한 초기상태조차 결정할 수 없다는 인간의 한계를 인정해야 할 것 같다. 자연에는 우리가 침범할 수 없는 영역이 있다는 것을 받아들일 수밖에 없는 것이다.

인간의 운명은 정해진 것인가? 아니면 인간은 자유의지를 가진 존재로 우주의 역사를 바꿀 수 있는 존재인가? 인간이 진정한 자유의지를 가진 존재인지는 아마도 철학이 풀어야 할 문제일 것이다. 다음은 아인슈타인이 쓴 책 『나의 세계관』*The World as I See It*의 일부분이다.

> 철학적인 측면에서 볼 때, 나는 인간의 자유를 믿지 않는다. 모든 사람의 행동은 외적인 강요에 의해서 뿐 아니라 자신의 내적 요구에 따르기 때문이다. "인간은 자신이 원하는 것을 하려면 할 수 있다. 그러나 자신이 진정으로 원하는 것을 원하지 않는다"라는 쇼펜하우어의 말은 어릴 때부터 내게 많은 영감을 주어 왔다. 그 말은 나 자신이나 다른 이들의 삶에서 어려움이 닥칠 때마다 언제나 위안을 주어왔으며, 어느 경우에나 인내심을 가지게 하는 원천이 되어왔다.

이 글에 따르면, 아마 인간에게 진정한 자유의지는 허용되지 않는지도 모른다.

기본 입자들은 우리와 다른 세계에 살고 있다

원자가 물질을 이루는 기본 단위임은 사실이다. 그러나 원자가 더이상 쪼갤 수 없는 최소 단위는 아니며, 양전기를 띤 원자핵과 음전기를 띤 전자로 이루어졌음이 곧 밝혀졌다. 그후 원자핵은 또다시 양성자와 중성자로 이루어지며, 그 외에도 원자핵에서는 중간자 등 수많은 입자들이 생겨나고 또 사라지기를 반복한다는 것이 알려지게 되었다.

따라서 물질은 걷잡을 수 없을 정도로 많은 기본 입자들로 이루어졌다고까지 여겨지게 되었다. 그러나 인간에게 알려진 많은 진리들은 뜻밖에 단순한 것들이었으므로, 수없이 많은 종류의 입자로 우주의 물질들이 이루어져 있다는 것은 받아들이기에 달가운 것이 아니었다. 1960년경 미국의 과학자 겔만Gell-Mann은 수없이 많아 보이는 원자핵 속의 입자들을, '쿼크'quark라 이름 붙여진 6가지 입자들을 적절히 조합하면 모두 만들 수 있음을 보였다.

쿼크이건 양성자나 전자이건 상관없이 작은 입자들은 우리가 상상하기 어려운 흥미로운 특성들을 가지고 있다. 어떤 두 사람이 있을 때, 두 사람은 서로의 특징을 가지므로 쉽게 구별될 수 있다. 그러나 작은 세계로 들어갈 때 개체를 구별하는 것이 어디까지 가능할 것인가? 물체를 작게 나누다보면 어느 단계에 이르러서는 잘라놓은 두 물체의 서로 다른 특징을 찾아낼 수 없는 단계에 이르지 않을까? 원자 단위에 이르면 두개의 원자를 구별하는 것은 가능하지 않을 것

같이 보인다.

원자도 그렇겠지만, 양성자나 중성자 또는 전자 단위의 입자들을 구별하는 것은 실제로 불가능하게 된다. 즉, 우리 우주는 아무 개성이 없는 유한한 종류의 기본 입자로 구성되어 있는 것이다. 우리가 보기에 그 입자들은 개성이 없으므로, 두 입자를 바꿔놓는다 해도 그 사실을 알아낼 수 없다. 기본 입자들의 성질 중 흥미로운 점은, 기본 입자들이 스핀이라 불리는 고유 각운동량을 가진다는 사실이다. 고유 각운동량이란, 지구에 비유하자면 지구가 자전하는 운동의 각운동량에 해당한다. 그러나 미시적 세계의 스핀은 이런 비유만으로는 이해하기 어려운 성질을 지니고 있다.

전자나 양성자 등과 같이 물질을 이루는 기본 입자들은 스핀이 1/2인 '페르미온ᶠᵉʳᵐⁱᵒⁿ이라 불리는 입자들이다. 즉, 전자나 양성자 등은 모두 각각 자체의 고유한 자전에 비유되는 고유 각운동량을 가진다. 또 이들은 전기도 띠고 있으므로 스스로 작은 자석처럼 행동한다. 입자들의 고유한 각운동량은 영원히 지속되는 사라지지 않는 특성이므로, 기본 입자들은 언제나 작은 자석이다.

조금만 더 알려주세요! ⟨ ? ⟩ **기본 입자의 종류** 여섯 가지 쿼크는 업up, 다운 down, 스트레인지strange, 참charm, 바텀bottom, 탑top 쿼크라 이름지어져 있고, 이들 쿼크의 전하량은 우리가 관측할 수 있는 최소 단위인 전자의 전하량의 1/3 또는 2/3 배의 양+ 또는 음− 전하량들이다. 쿼크로 조합하면, 양성자는 두개의 업 쿼크와 하나의 다운 쿼크로 이루어진다. 또 중성자는 하나의 업 쿼크와 두개의 다운 쿼크로 이루어진다.

안타까운 것은 이 쿼크들을 따로 떼어내어 볼 수는 없다는 것인데, 인간의 능력으로 이들 쿼크를 분리하여 볼 수 있을 것인지 자체가 현재로서는 알 수 없는 상태다. 여섯 가지 쿼크 중 몇개는 발견되기 이전에 이미 예언된 것들로, 새로운 입자가 발견될 때마다 그 입자가 예상되었던 쿼크를 가지고 있는지의 여부를 통해 그 쿼크의 존재가 확인되어왔다. 1995년 현재 예언된 모든 쿼크는 다 발견된 상태다.

원자 속의 전자는 원자핵을 이루는 양성자나 중성자 같은 입자들과는 전혀 다른 종류의 입자인데, 그런 종류의 입자들은 '렙톤'lepton이라는 이름으로 불리고 있다. 흥미로운 것은 렙톤의 종류도 쿼크와 같이 여섯 가지라는 사실이다. 렙톤에는 전자의 기본 전하량을 가진 전자electron, 뮤온muon, 타우온tauon 그리고 이들 각각에 속하며 전하량이 없는 뉴트리노neutrino가 있다.

양자적 입장에 의하면 우리 세계에 '입자'라는 것은 없으며, 단지 입자처럼 보이는 '파동'만 존재할 뿐이므로, 쿼크나 렙톤 같은 기본 입자도 사실은 입자처럼 보이는 파동으로 보아야 할지도 모른다. 물질의 가장 기본 단위가 진동하는 끈string이라는 이론은 요즘 상당한 관심을 끌고 있는 이론이다.

조금만 더 알려주세요! 💬 **보손과 페르미온** 우주를 이루는 기본 입자들은 '보손'boson과 '페르미온'이라는 두 종류 중 하나로 분류된다. 두 입자는 다음과 같은 기준으로 구별한다. 즉, 두 입자를 바꾸어놓았을 때 파동함수가 그대로인 경우 그 입자들을 보손이라 하고, 파동함수가 180도의 위상차를 가져 파동함수의 부호가 바뀌는 경우 그 입자들을 페르미온이라 부른다. 그러나 양자론에서의 파동함수는 그 절대치의 제곱만이 실험으로 측정되기 때문에, 보손이나 페르미온 모두 두 입자가 뒤바뀐 상태를 알아낼 수는 없다. 입자의 스핀이 그 입자가 보손인지 페르미온인지를 결정하는 물리량임이 알려지게 되었는데, 정수 단위의 스핀을 가진 입자는 보손, 반⁺정수 단위를 갖는 입자는 페르미온이다.

스핀도 미시세계의 다른 모든 물리량과 마찬가지로 양자화되어 있다. 상식적으로 이해할 수 없는 점은, 공간의 어느 방향을 정해놓고 기본 입자의 방향 각운동량 성분을 측정해도 그 크기는 항상 일정한 값만 가질 수 있으며, 그 크기는 h(1erg·sec란 물리량의 1조분의 1 크기를 다시 100조 정도로 나눈 크기를 가진 매우 작은 양이다)라 표시하는 플랑크상수를 2π로 나눈 값의 정수 또는 반정수라는 점이다.

제4장

시간과 공간, 상대성이론이 본 우주

○

우주는 유한하지만 무한하다?

역사적으로 우리는 지구가 우주에서 매우 특별한 위치에 있다고 생각해왔다. 우주의 모든 별이 지구를 중심으로 돌며, 지구가 우주의 중심에 있다는 생각을 해왔던 것이다. 그러나 오늘날 우리는 지구가 태양계의 일부이며, 태양은 우리 은하계의 가장자리에 있는 하나의 작은 별일 뿐이라는 사실을 알게 되었다.

우리 은하계는 회전하고 있는 둥근 원판과 같은 모양으로, 별들은 모두 은하계 중심을 기준으로 회전하고 있다. 은하계 내의 별들 간의 거리는 매우 멀므로, 태양이 가장 가까운 다른 별과 만나게 될 일은 없을 것이다. 그러나 우주를 날아다니는 운석들은 매우 많기 때문에 많은 운석이 지구와 부딪치며, 그중 대부분은 대기권에 들어와 공기와의 마찰로 타버린다.

우리 은하계를 벗어나면 안드로메다 같은 다른 은하들이 있지만 그 은하들은 우리 은하계와 매우 멀리 떨어져 있다. 또 우리 은하계가 속한 은하들은 은하단이라는 집단을 이루고 있으며 그런 은하단들은 또다시 더 큰 집단인 초은하단을 이루는 것으로 보인다. 더 큰 망원경을 만들면 만들수록 더 멀리 떨어진 더 많은 별을 볼 수 있는데, 그 별들은 사방 어느 곳이나 똑같이 많아진다. 따라서 우리가 살고 있는 곳이 우주의 중심인 것처럼 보인다고 할 수 있다.

그러나 우리 은하계가 우주에 퍼져 있는 수많은 은하 중 하나라는 사실을 생각해보면, 우리 은하가 왜 우주의 중심이어야 하는지에 대한 설명이 궁색해진다. 즉, 다른 은하에 가서 보아도 우주의 별들은 사방 어느 곳에나 골고루 퍼져 있으리라는 것이다. 그런 의미에서는 우리가 우주의 중심에 있지도 않을뿐더러 또한 '우주의 중심'이 있을 것 같지도 않아 보인다.

그렇다면 우주의 끝은 존재하는가 아니면 우주는 유한할까? 우주는 어떻게 생긴 것일까? 우리가 있는 곳이 우주의 중심이 아니고 또 우주의 어느 곳도 우주의 중심이 아니라 한다면, '도대체 우주는 어떻게 생겼단 말인가'라는 의문을 가지게 될 것이다. 아인슈타인이 상대성이론을 통하여 설명하는 우주의 모양은 안타깝게도 그림으로 그리거나 말로 설명하기 어려운 것이다.

상대성이론이 설명하는 우주론에 따르면, 우리가 있는 곳이 바로 우주의 중심이며, 또한 우주의 어떤 곳이든 모두 우주의 중심이라는 사실로 요약될 수 있다. 모든 곳이 우주의 중심이라는 말은 한편으로는 어떤 곳도 우주의 중심이 아니라는 말과 같다. 우주의 어느 곳도 우주의 중심이 아니라는 말과 우주의 모든 곳이 다 우주의 중심이라는 말은 마치 선문답처럼 들린다. 그러나 우주는 그렇게밖에 설명할 수 없는 형태를 가진 것이다.

　　우주의 모양은 흔히 비유로 설명된다. 먼저 커다란 원둘레 위에서만 살 수 있는 1차원 세계를 상상해보자. 그 존재는 원둘레 위로만 다닐 수 있으므로 원이 매우 크다면 자신이 사는 세계가 1차원 직선 세계라 생각하게 된다. 그러나 2차원 평면에서 전체를 볼 수 있는 존재가 보면, 그 직선은 사실 원둘레의 일부일 뿐이다. 또 그가 자신이 속한 우주의 끝이 어딘가 알아보려고 여행을 떠난다면 결국은 제자리로 돌아올 것이다.

　　이제 공의 표면에서만 살 수 있는 존재를 생각해보자. 공이 매우 크다면 공의 국지적 표면은 평면과 같으므로 그는 자신이 2차원 평면 세계에 살고 있다고 생각하게 된다. 그러나 3차원 공간에서 전체를 볼 수 있는 존재가 보면, 그 평면은 사실 공 표면의 일부일 뿐이다. 또 그가 자신의 우주의 끝이 어딘가 알아보려고 여행을 떠난다면 마찬가지로 결국은 제자리로 돌아올 것이다.

우리는 우리가 3차원 공간에 살고 있다고 생각한다. 그러나 상대성이론에 의하면 우리는 3차원 세계가 아니고, 실은 시간까지 포함한 4차원 시공간에서 살고 있다. 4차원 공간에서 전체를 볼 수 있는 존재가 보면, 우리가 사는 공간은 어떻게 보일까? 1차원이나 2차원의 경우에서 유추해본다면, 3차원 공간에서 우주의 '끝'이 어디인가를 탐험하기 위해 곧장 앞으로 영원할지도 모르는 우주여행을 떠난다면 결국 제자리로 돌아오게 될 것 같다. 이것은 마치 콜럼부스가 지구의 끝을 알아보기 위해 항해한다면, 마침내 제자리로 돌아오게 되리라 생각한 것에 비유할 수 있다.

우리는 여기에서, 4차원 시공간에서 '직선'이라는 3차원 공간의 개념이 어떤 의미인지 의문을 가질 수밖에 없게 된다. 탐험자는 '직선' 여행을 했는데 어떻게 제자리로 돌아온다는 말인가? 이것은 '매우 큰 직선은 사실은 곡선처럼 휘어져 있다'는 생각이 아니면 이해될 수 없고, 따라서 3차원 공간에서 '직선'이라는 것이 무슨 의미를 가지는지 다시 생각할 수밖에 없게 만든다.

다음은 노자의 『도덕경』에 나오는 말이다. 노자가 보았던 우주는 오늘 우리가 생각하는 우주와 비슷한 측면이 있어 보인다.

큰 네모는 모서리가 없는 것 같고(大方無隅)
큰 그릇은 이루어지는 것이 늦으며(大器晚成)
큰 음은 들을 수 없으며(大音希聲)
큰 형상은 형체가 없다(大象無形).

과학이 발견한 천체의 스케일은 우리가 일상생활에서 상상하던 것과는 매우 다르다. 먼저 지구의 모양을 생각해보자. 지구는 거의 완전한 공 모양이지만, 엄밀하게 말하면 적도 부분이 약간 튀어나온 계란 모양이다. 우리는 지구 표면이 깊은 바다와 높은 산으로 이루어진 매우 울퉁불퉁한 모양이라고 생각한다. 그러나 가장 깊은 바다의 깊이나 가장 높은 산의 높이도 1만미터 전후이며 이것은 지구 반지름의 1/800 정도에 불과한 값이다. 지표면이 아무리 험하게 보인다 해도 지구는 매우 고른 표면을 지닌 공이나 다름없는 것이다.

태양계의 스케일은 대부분의 사람들이 상상하는 것보다 훨씬 더 크다. 태양을 지름이 1미터인 공에 비유할 때, 지구는 태양으로부터 약 200미터 떨어진 곳에 위치한 지름이 약 1센티미터인 공 정도밖에 안된다. 많은 사람들은 지구가 상대적으로 그렇게 작으며, 태양으로부터 그렇게 멀리 떨어진 것에 놀랄 것이다.

그러나 태양계의 가장 가장자리를 도는 명왕성이 10000미터나 떨어진 곳에 있다는 말을 들으면 더욱 놀랄 것이다. 또 태양에서 가장 가까운 별 조차도 실제로 거의 10만킬로미터나 떨어져 있다면 더욱 놀랄 것이다. 태양계의 크기도 우리가 상상하는 것보다 훨씬 크지만, 우리 태양에서 가장 가까운 다른 태양은 태양계 크기의 1만배나 떨어져 있는 것이다.

시간은 누구에게나 공평한가

우리는 3차원 공간에서 살고 있다. 그리고 시간은 누구에게나 공평하게 흘러가 인간은 100년 정도 살다가 죽는다. 그런 시간의 흐름은 공평하고 '절내적'이어서 어느 누구도 천년이나 만년 동안 살 수는 없다. 자연에 대한 이러한 인식의 배경에는 공간과 시간이라는 두 양이 서로 아무 상관 없는 것이라는 관념이 깔려 있다. 즉, 공간이나 시간은 서로에 어떤 영향도 줄 수 없는 독립된 양이라는 생각이다.

이러한 생각은 우리의 일상 경험에서 온 것으로, 일상적인 한계를 넘는 영역에서도 여전히 그럴지에 대해 생각해본 사람은 많지 않을 것이다. 그러나 1905년 아인슈타인은 단순한 두개의 가정으로부터 이런 관념이 잘못되었다는 생각을 이끌어내었다. 그 두 가정이란, 빛에 대해서만은 절대속도가 정의될 수 있으며, 우주에는 중심이 없다는 것이었다. 아인슈타인은 당시 알려진 여러 가지 사실로부터 진공 속에서 광속은 약 초속 30만킬로미터로 관측자가 어떤 운동 상태에 있든 항상 같은 빠르기라고 가정했던 것이다. 예를 들어 광속의 1/2로 날아가는 우주선에서 앞으로 쏜 빛은 우주선 밖에서 볼 때 고전적으로는 광속의 3/2배로 진행한다고 하겠지만, 상대성이론의 가정에서는 그 속도가 여전히 광속인 약 초속 30만킬로미터라는 것이다. 이런 생각을 토대로 얻어진 이론을 '특수상대성이론'이라 한다.

우주에 중심이 없다고 하면 우리가 속도라고 말하는 양이 무슨 의미를 가지는지도 다시 생각해야 한다. 물체의 속도란 누가 측정한 속도인가? 우주에 중심이 있다면, 모든 물체의 속도는 중심에서 측정한 속도인 '절대속도'의 의미를 가질 수 있다. 그러나 그렇지 않다면 누구나 동등한 입장이므로 속도라는 것은 보는 사람에 따라 달라지는 상대적인 것이 된다.

예를 들어 움직이는 기차에 탄 사람이 있다고 하자. 그리고 지상에서 볼 때 기차가 움직인다고 하자. 이때 기차에 탄 사람이 자신은 정지해 있고 지상에 있는 사람이 움직인다고 말한다 해도 그르다고 할 수 없다는 것이다. 아인슈타인은 창문을 가린 기차 안에 있는 사람은 자신이 지상에 대해 어떤 속도로 운동하는지 어떤 실험을 통하여도 알 수 없다고 생각했다. 우주의 입장에서 보면 누가 움직인다고 말할 수 없는 상황이기 때문이다.

이런 생각을 가지고 세상을 보면, 우리가 당연하다고 보았던 여러 가지 사실들이 전혀 당연해지지 않는다는 것에 놀라게 된다. 즉, 시간의 흐름까지도 절대적이 아니라는 놀랍고도 이해할 수 없는 사실을 발견하게 되는 것이다. 즉, 시간조차도 이제는 절대적인 양이 아니기 때문에, 신선 세계에서 바둑 구경을 하고 왔더니 한세상이 흘러갔다는 옛이야기가 과학적으로 불가능하지 않은 일임을 알게 된 것이다.

상대성이론에 따르면, '움직이는 시계의 시간은 정지한 시계의 시간보다 항상 더 느리게 간다.' 절대적 시간과 공간의 개념을 가진 평범한 사람으로서 이 말을 이해하는 것은 쉬운 일이 아니다. 예를 들어 쌍둥이 형은 우주선을 타고 운동 중이고 쌍둥이 동생은 지구에 남아 있다고 가정해보자. 이때 동생이 보기에는 형이 운동하고 있으므로 형의 시계가 느리게 가지만, 형이 보기에는 자신은 가만히 있고 동생이 운동하므로 동생의 시계가 더 느리게 간다. 그렇다면 실제로 누구의 시계가 더 느리게 갔다는 말인가? 이런 점 때문에 상대성이론은 이해하기가 어려우며, 상대성이론에 대한 수많은 역설이 생겨났던 것이다.

움직이는 시계가 더 느리게 가는 것을 잘 보여주는 예는 입자 붕괴현상이다. 우주에서 날아오는 대부분의 입자들은 대기 중에서 다른 입자로 변하거나 새 입자를 만드는 과정을 여러번 반복한다. 그 입자 중 뮤온^{muon}이라 불리는 것이 있는데, 이 입자는 고공에서 만들어진 후 거의 광속으로 떨어진다.

이 입자를 실험실에서 만들면 그것은 약 100만분의 2초 후 붕괴하여 다른 입자로 변한다. 따라서 상식적으로는 대기 중에서 만들어진 뮤온이 광속 가까운 속력으로 날아 다른 입자로 변하기까지 이동한 거리는 약 600미터가 되어야 한다. 그러나 실제로는 그보다 훨씬 먼 거리인 10킬로미터 정도나 가서 붕괴한다. 즉, 운동하는 뮤온은 정지한 뮤온보다 160배 정도 더 오래 살아남는 것이다.

이 경우 하늘에서 떨어지는 뮤온은 지상에 있는 뮤온보다 확실히 더 오래 살았다. 그러나 뮤온과 같이 떨어지는 관측자는 지상의 뮤온이 더 오래 살았다고 기록하게 된다. 이 단계에서는 누구나 혼란을 느끼게 된다. 시간과 공간이 뒤섞여 우리의 상식을 뒤흔들어 놓았기 때문이다.

조금만 더 알려주세요! ⌐⌐?⌐ **동시성의 문제**　시간이 절대적이지 않다는 사실은 동시성의 문제에서 가장 쉽게 이해할 수 있다. 동시성의 문제란, 내가 볼 때 '동시'에 일어난 두 사건이 다른 사람에게는 반드시 '동시'에 일어난 사건은 아니라는 것이다.

지상에 있는 사람과 달리는 기차에 탄 사람이 있을 때, 둘 모두 보기에

'달리는 기차의 머리와 꼬리 부분에 어느 순간 동시에 번개가 쳤다'는 상황을 생각해보자. 이 말은 과연 엄밀한 기술인가? 상식적으로 보면 문제가 없어 보이는 이런 말은 과연 상대성이론의 가정을 통하여 보면 뜻밖에도 엄밀하지 못한 것이 되어버린다. 이것은 '누구에게나 빛의 속도는 일정하다'는 가정과 상치되는 것이다.

무엇이 잘못되었는지 알아보기 위해, 먼저 땅에 있는 사람이 보기에 번개가 '동시'에 쳤다고 해보자. 이때 '동시'란 다음과 같은 뜻을 가진다. 즉, 그 사람으로부터 기차 양 끝까지의 거리가 같다고 할 때, 번개 빛은 '동시'에 그 사람에게 도달하는 것이다. 이제 달리는 기차의 중심에 있는 사람은 그 두 사건을 어떻게 보는가 생각해보자. 그 사람은 달리고 있고 광속은 그 사람에게도 일정하므로, 그 사람에게는 기차의 앞머리에서 오는 빛이 뒤에서 오는 빛보다 먼저 도달할 것이다. 그러므로 그 사람은 번개가 '동시에' 쳤다는 것에 동의할 수 없게 된다.

이 사실을 우주 스케일에서 다시 살펴보자. 오늘 저녁 두개의 초신성이 탄생되었다고 하자. 초신성이란 별의 수명이 다하는 시점에서 별이 폭발

달리는 기차 속의 관측자에게 '동시'에 일어난 두 사건은
지상의 관측자에게는 '동시'에 일어나지 않은 두 사건이다.

하는 현상으로서 지구에서 가끔 관측된다. 앞의 두 초신성은 우리가 보기에 동시에 만들어진 것이다. 그러나 우주의 다른 관측자는 그 말에 동의하지 않을 것이며, 하나는 아주 오래전에 다른 하나는 최근에 탄생되었다고 볼 수도 있는 것이다.

조금만 더 알려주세요! 💬 **시간 늘어남 현상** 움직이는 시계의 시간이 더 느리게 간다는 사실은 다음과 같이 매우 단순하게 이해될 수 있다. 광속은 언제나 일정하다고 가정했으므로 믿을 만한 시계는 빛을 이용한 것이다. 예컨대 지구의 동생이 들고 있는, 두 마주 보는 거울 사이에서 수직으로 오가는 빛을 생각해보자. 그 빛이 한 거울에서 다른 거울까지 갔다가 오는 데 걸리는 시간을 1이라 하자. 그리고 그 시간마다 동생의 심장이 한번 뛴다고 해보자.

이제 똑같은 거울시계를 수평 방향으로 달리는 형의 우주선에 실은 다음 무슨 일이 생기는가 보기로 하자. 이때 우주선에 탄 형은 자신의 손에 든 거울시계가 지구에서와 같이 1이라는 시간마다 두 거울 사이를 왕복운동한다고 생각할 것이다. 왜냐하면 밖을 내다보지 않는 한, 그는 자신이 운동하는지 안하는지 알 수 없기 때문이다. 또 그의 심장도 동생과 마찬가지로 그 단위 시간마다 한번씩 뛸 것이다.

그러나 이때 지구에 있는 동생에게는 우주선에 있는 형의 거울시계의 빛이 수직운동하지 않고 비스듬한 방향으로 진행하는 것으로 보이게 된

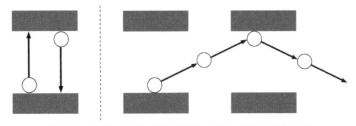

움직이는 시계가 1초 가는 동안, 정지하는 시계는 10초나 갈 수 있다.

다. 누구에게나 광속은 일정하므로 형의 거울시계에서 빛이 한번 왕복하는 동안, 동생의 거울시계 빛은 여러번 왕복할 것이다. 즉, 동생의 시계로 100년의 시간이 흐르는 동안 형의 시계로는 단 1년만 지났을 수도 있는 것이다. 운동하는 사람의 손목시계가 더 느리게 가는 이런 현상을 '시간 늘어남 현상'이라 한다.

거리는 누구에게나 똑같은가

누구에게나 공평하다고 믿었던 시간의 흐름이 '절대적'이지 않다는 생각의 배경에는 공간의 스케일도 '절대적'이지 않다는 사실이 관련되어 있다. 더 혼란스럽게 생각되긴 하지만, 앞에서 다루었던 뮤온이 붕괴하기까지 이동한 거리에 관해서도 다시 생각해보자. 앞에서 살펴본 뮤온의 경우, 광속의 0.99배로 떨어진다면 뮤온이 보기에 지상계도 역시 그 속도로 이동하므로, 뮤온과 같이 운동하는 사람은 뮤온이 붕괴하기까지 지상계가 600미터 정도 이동했다고 보게 된다. 그러나 우리가 잘 알듯이 뮤온은 10킬로미터 이동했고 따라서 지상계는 10킬로미터 이동해야 옳다.

그러면 무엇이 잘못된 것일까? 지상의 관측자는 뮤온이 10킬로미터나 날아갔다고 보고, 뮤온계 관측자는 지상계가 겨우 600미터 이동했다고 주장하면 실제로 누가 옳다는 말인가? 상대성이론의 가성에 의해 두 관측사는 동등하므로 둘 다 옳다고밖에 할 수 없지 않은가?

이 경우를 우주여행을 떠난 쌍둥이 형과 동생의 경우로 다시 생각해보기로 하자. 형이 거의 광속으로 여행한다면 동생의 시계가 160년 지나는 동안 형의 시계는 겨우 1년만 흐르게 된다. 또 동생이 보기에 형은 1만광년 거리를 갔는데 형은 자신이 겨우 600광년 거리밖에 못 갔다고 볼 것이다.

이렇게 되면 우리의 혼란은 극도에 달한다. 시간도 절대적이 아닌데다가 거리까지도 절대적인 양이 아니라는 말인가? 거리마저도 보는 사람에 따라 다르게 측정된다는 말인가? 그렇다! 운동하는 물체가 이동한 거리는 짧아지는 것이다. 우리 직관에 어긋난 이런 혼란스러움은, 시간과 공간이 독립적인 양이 아니고 서로 얽혀 있는 관계라는 점에 기인한다.

상대성이론이 나오기 전까지 우리는 절대적 3차원 공간에서 절대적 시간이 흘러간다는 우주관을 가지고 있었다. 그런 관점에서 공간과 시간은 완전히 분리된, 즉 서로 전혀 무관한 두 양이었다. 그러나 상대성이론에서 공간과 시간은 서로 뒤섞여 서로에게 영향을 주는 양이다. 상대성이론은, 거리도 관측자에 따라 달라지며 시간의 흐름도 관측자에 따라 다르다는 새로운 인식의 지평을 열어놓았던 것이다.

상대성이론에서는 시간과 공간이 서로 한 덩어리이므로, '어떤 시각에 어떤 위치에 있는지'를 하나의 사건 단위로 생각한다. 아인슈타인은 삶과 죽음의 차이를 한 개인이 가지는 '시공간 사건'을 얼마나 명확히 인식하는지의 차이로 보았던 것 같다. 다음은 아인슈타인이 1953년 벨기에의 대비Queen Mother에게 보낸 편지 중 일부분이다.

> 늙어갈수록 나는 '지금 여기에' 내가 존재한다는 의식이 점점 흐려지는 듯한 묘한 느낌을 가지게 됩니다. 더이상 희망이나 두려운 감정도 없이 조용히 관조하면서, 사실상 나 홀로 무한의 세계로 가는 듯한 느낌입니다.

조금만 더 알려주세요! 🗨️❓ **통나무집 역설** 상대성이론이 나온 후 우리의 상식으로 이해할 수 없는 많은 상황들이 제기되어 상대성이론의 '모순'을 지적했다. 유명한 예로 통나무집 역설Barn paradox이라는 것이 있다. 양쪽에 문이 있는 통나무집과 그 집보다 긴 막대가 있다고 하자. 막대가 정지해 있는 상태에서 막대의 길이는 통나무집보다 길어서, 그 막대를 집 안에 가두어두고 집의 양쪽 문을 닫을 수는 없다.

그러나 이제 막대를 빠르게 운동시킨다고 하자. 이때 통나무집에 막대를 가둔 채로 양쪽 문을 닫을 수가 있을까? 운동하는 물체의 길이는 짧아지므로 물론 그렇게 할 수 있다. 이제 반대로 막대가 정지해 있고 통나무집 전체가 운동한다고 생각해보자. 이 경우에는 통나무집의 길이가 줄어든다. 따라서 막대를 가둔다는 것은 상상할 수도 없는 일이다.

이 역설은 동시성의 문제와 연관이 있다. 즉, 한 관측자가 동시라고 생각한 두 사건이 다른 관측자에게는 다른 시간에 일어나게 되는 것이다. 통나무집에 사는 사람은 '동시'에 양쪽 문을 닫았다고 생각한다. 즉, 통나무집 안의 사람이 '동시'에 양쪽 문을 닫는 순간 막대 길이는 짧아져 있고, 틀림없이 막대는 집 안에 가두어져 있다. 그러나 우리는 다음과 같이

되물을 수도 있다. '막대에 탄 사람도 그때 양쪽 문을 동시에 닫았다고 동의할 것인가?'

죽기 전에 우주 끝까지 여행해볼 수 있을까

움직이는 시계가 느리게 간다는 사실을 생각하면, 미래에는 매우 먼 별까지 여행할 수 있을 거라고 낙관할지도 모른다. 빠르게 날아가는 우주선 속의 우주인이 가진 시계는 지구의 시계보다 더 느리게 갈 것이다. 즉, 그 우주선 내의 모든 것은 마치 천천히 돌리는 필름처럼 느린 영상으로 보이며, 우리가 관측하기에 우주인의 맥박, 호흡 등 모든 것이 느려진다.

한편 빠르게 떨어지는 뮤온에게 자신이 떨어진 거리가 짧게 측정되듯이, 우주선 속의 우주인에게도 별 사이의 거리가 짧게 측정된다. 이것은 우주인이 매우 먼 별까지 여행할 수 있음을 뜻하며, 따라서 전우주를 여행할 수도 있다는 희망마저 가지게 되는 것이다. 물론 그가 여행을 떠난 얼마 후부터는 지구에 그의 후손들만이 살고 있을 것이다.

한편으로 이 사실은 생명연장도 꿈꾸게 만든다. 즉, 쌍둥이가 태어났을 때, 그중 형을 우주선에 태워 매우 빠르게 여행시키면 지구에 남은 동생보다 더 오래 살 수 있지 않을까 하는 점이다. 그러나 다시 생각하면 그 반대도 물론 가능하다. 즉, 우주선을 타고 가는 형이 볼 때는 동생이 운동하므로 동생이 더 오래 산다고 볼 것이기 때문이다. 이 두 사람의 계는 실제로 완전한 대칭계로서 두 사람 모두 상대방이 더 오래 산다고 보며, 그 점에서는 두 사람 모두 옳다.

이때 누가 실제로 더 오래 사는지 확인할 방법이 있을까? 그 방법은 물론 우주여행을 떠난 형이 돌아와 동생을 다시 만나는 것뿐이다. 그렇게 하면 실제로 누가 더 젊게 보일까? 이 문제는 서로 일정한 속도로 운동하는 두 사람의 경우를 다루는 특수상대성이론의 범주를 벗어나는 문제다. 왜냐하면 형이 우주여행 후 다시 돌아오려면 그는 가속도운동을 해야만 하기 때문이다.

가속도운동을 하는 경우에 관한 이론은 '일반상대성이론'이라 불린다. 이것은 '가속되는 사람이 받는 관성력과 중력^{만유인력}은 구별할 도리가 없어 완전히 동등하다'는 가정에서 출발한다. 일반상대성이론에 따르면, 중력이 강한 곳이나 매우 큰 가속도운동을 하는 곳에 있는 시계는 더 느리게 간다. 예를 들어 지표면보다 중력이 약해지는 위치에 있는 인공위성에 둔 시계는 지표면에 둔 시계보다 더 빨리 간다.

쌍둥이 문제로 돌아가보면, 형은 가속도운동을 하는 계에서 살아야 하므로 더디 가는 시계를 보게 되며 따라서 형이 동생보다 더 젊어지게 된다. 시간은 누구에게나 똑같이 절대적이지는 않은 것이다!

물질은 만들어질 수 있는가

물질세계는 어떻게 시작되었을까? 우리 물질세계는 영원히 계속될 것인가? 상대성이론은 이러한 의문에 대한 우리의 인식을 넓혀주었는데, 그것은 물질이 에너지의 한 형태라는 사실에서 비롯된다. 에너지는 여러 형태로 존재하고 서로 변환되므로, 물질도 열이나 빛 같은 형태로 변환될 수 있다. 이 사실은 초기에는 잘 이해되지 않았다. 그러나 질량이 사라지며 열·빛·소리 등의 에너지로 변환되는 원자폭탄의 출현으로 사람들은 이 사실을 잘 인식하게 되었다.

그러나 에너지가 질량으로 변환되어 없던 물질이 생겨날 수도 있는가? 에너지와 질량은 완전히 같은 개념이므로 이런 현상도 물론 당연히 일어난다. 이런 변환은 대기권에 입사되는 강력한 에너지를 가진 우주선 입자들에 의해 끊임없이 일어나고 있으며, '쌍생성'pair creation 현상이라 불린다. 예를 들면, 감마선이라는 가장 강한 에너지의 빛은 '양전자 + 음전자'의 쌍을 만들며 사라질 수 있는데, 이때의 양전자는 우리가 보통 전자라고 부르는 음전자에 대응되는 '반물질'anti-matter이다. 우주의 총전하량은 일정한 양이기 때문에 물질의 생성은 '양성자 + 반양성자' 등 언제나 '양전하 + 음전하'의 쌍으로만 가능하다. 또 입자와 반입자가 만나서 사라지며 빛으로 되는 '쌍소멸'현상도 가능하다. 우리 세계의 물질이 사라져버리고 빛만 남는 경우도 가능해지는 것이다.

반야심경 중에는 '공즉시색 색즉시공'空即是色色即是空이라는 구절이 있다. 이것은 아무것도 없는 빈 것이 곧 물질이고, 물질은 곧 빈 것과 같다는 뜻이다. 또 구약성서 중 창세기 부분에는 빛이 먼저 생기고 거기서 우주 만물이 생겼다는 표현이 있다. 이러한 사상들은 특수상대성이론이라는 현대물리학과 일맥상통하는 셈이다.

조금만 더 알려주세요! **질량보존의 법칙** 화학반응에서 중요한 법칙 중 하나에 '질량보존의 법칙'이라는 것이 있다. 이 법칙은 반응 전후의 총질량은 일정하다는 것이다. 특수상대성이론에 의하면 '질량=에너지'로서, 질량은 언제나 다른 형태의 에너지로 변환될 수 있으며 마찬가지로 에너지도 질량으로 변환될 수 있다. 따라서 모든 형태의 에너지양을 고려하지 않은 채 질량 자체만을 다루면, 질량은 엄밀한 의미로 보존되지 않는다.

제5장

대칭성, 물리법칙은 영원히 옳을까

생명체 분자는 방향성을 가진다

우주의 스케일에서 보면 모든 방향이 동등하기 때문에 특정 방향을 정할 수 없다. 그러나 어떤 방향을 정하고 나면, 그 방향을 기준으로 회전하는 방향에 따라 시계방향과 반시계방향 두 방향은 특정할 수 있게 된다. 예를 들어 북반구에서는 자전에 따른 전향력 때문에 운동방향의 오른쪽으로 힘을 받아, 태풍의 바람은 반시계방향으로 돌아 저기압 중심인 태풍의 중심을 향해 불게 된다. 또 전자나 양성자 같은 기본 입자들도 시계방향이든 반시계방향이든 두 방향 중 한 방향으로 자전하는 것에 비유될 수 있는 회전운동을 한다.

자연세계의 유기물 분자들에도 흥미로운 특성이 있는데, 그것은 분자들이 모두 특정한 방향성을 갖는다는 것이다. 예를 들어 자연 상태의 설탕분자를 거울 앞에 두었을 때 보이는 거울 속 분자 모양은 실제 설탕분자와 방향성이 다른 분자구조를 갖는다. 이것은 거울에 비친 오른손 손가락의 배치가 마치 왼손처럼 보이는 것에 비유할 수 있다. 이제 자연 상태의 설탕분자를 오른손잡이 분자로 생각하고, 거울 속 분자들을 왼손잡이 분자라고 생각해보자. 놀라운 것은 이때 왼손잡이 분자는 자연 속에 존재하지 않는다는 점이다. 더 흥미로운 사실은 인공적으로는 왼손잡이 분자를 만들 수 있는데, 그 인공 설탕분자도 역시 단맛이 느껴진다는 점이다. 단지 그런 분자들이 자연적으로는 존재하지 않을 뿐이다. 오른손잡이와 왼손잡이 설탕분자가 섞인 인공 설탕을 만들어 박테리아를 그 인공 설탕물 속에 두면 더 흥미로운 결과를 얻을 수 있다. 충분한 시간이 지난 후 설탕물을 분석해보면, 왼손잡이 설탕분자만 남아 있게 된다. 이는 박테리아가 왼손잡이 설탕분자는 놔둔 채 '자연적인' 오른손잡이 설탕분자만 골라 먹었음을 뜻하는 것이다.

일반적으로 생물체가 만들어내는 분자들은 매우 복잡한 구조를 갖고 있다. 그러나 그 분자들은 예외없이 앞에서 '오른손잡이'라 비유한 특정한 방향성을 지닌다. 예를 들어 단백질의 구조는 아미노산이 사슬처럼 이어진 모양인데, 생명체를 이루는 단백질의 아미노산은 그런 특정한 방향성만을 가진 아미노산들로 이루어져 있다.

화학적으로는 오른쪽이건 왼쪽이건 모두 동등한 것처럼 보이는데, 왜 생물체는 한쪽을 선호하게 되었을까? 이것은 아마도 가장 최초의 생명체, 즉 자기복제를 할 수 있었던 최초의 분자가 한 방향성을 가졌기 때문이 아니었을까? 아마 최초의 생명체 분자는 오른쪽이건 왼쪽이건 어느 한쪽 방향일 수밖에 없었으며, 그 분자가 지구 온 생명체의 어머니가 되었을 것이라고 추정된다.

조금만 더 알려주세요! **아미노산의 방향성** 아미노산 중의 하나인 엘-알라닌L-alanine(왼쪽이라는 뜻)은 그 짝으로 디-알라닌D-alanine(오른쪽이라는 뜻)을 가진다. 탄산가스와 에탄 그리고 암모니아 분자 등으로 아미노산분자를 합성하면 그 분자들은 화학적으로는 모든 면에서 똑같지만 '오른쪽'과 '왼쪽' 두 종류 분자들로 나뉜다. 그러나 생명체 단백질은 엘-알라닌으로만 이루어져 있다.

조금만 더 알려주세요! **편광현상을 이용한 설탕물 농도 측정** 설탕물의 농도는 편광현상을 이용하면 측정할 수 있다. 편광현상이란, 진행하는 빛의 전기장이 한 방향으로만 진동하는 현상이다. 빛은 진동하는 전기장과 자기장인데, 전기장이나 자기장은 진행방향에 수직인 방향으로만 진동한다. 그래서 빛은 횡파라 불린다. 일반적으로 빛은 모든 방향의 편광 성분을 가진 빛들로 이루어져 있는데, 빛이 편광판을 통과하면 특정한 방향으로 진동하는 빛만 남게 된다. 그 특정한 방향은 편광판의 방향이다. 편광판에 의해 빛이 선별적으로 통과하는 현상은, 수직 방향으로 세워진 빗살을 통과할 수 있는 역학적 파동은 수직 방향으로만 진동하는 파동 뿐인 것에 비유될 수 있다.

이제 설탕물이 든 그릇의 양편에 편광판을 하나씩 놓고 두 편광판을 모두 통과하도록 설탕물에 빛을 비춘다고 하자. 보통의 물에서 두 편광판의 편광 방향이 나란하다면 빛은 아무 문제 없이 두 편광판을 통과하게 된다. 그러나 설탕물에서는 두 편광판을 지나는 동안 빛의 편광 방향이 계속 회전하게 되어, 두 편광판의 방향이 특정하게 되어야만 빛이 통과한다. 설탕물 속을 진행하며 빛이 나선형을 그리며 나아가기 때문이다. 설탕물 속에서 빛이 나선형으로 회전하는 속도는 설탕물 농도가 커질수록 더 빨라진다. 그러므로 설탕물의 농도가 더 커지면 두 편광판의 방향은 더 커져야만 빛이 통과할 수 있다.

우리 세계는 완전한 대칭성을 지니는가

사람들이 쾌락이라 부르는 것은 정말 이상한 무엇인 것 같더군.
그것은 쾌락의 정반대인 것처럼 보이는,
다시 말하면 고통이라는 것과도 이상한 관계가 있는 모양이야.
그 둘은 동시에 하나의 인간에 주어지지는 않으나
마치 둘이면서 하나의 머리에 묶여 있는 것처럼
사람이 그 한쪽을 추구하여 잡으면
언젠가는 다시 한쪽을 자연히 붙잡게 되거든.

이것은 플라톤의 「파에톤」에 나오는 소크라테스가 쾌락과 고통의 양면성에 대해 말한 구절이다. 이런 정신적 세계의 예가 아니더라도, 주위를 살펴보면 자연세계에는 참으로 많은 대칭성이 존재한다. 예컨대 인간이나 동물의 신체는 거의 완전한 대칭성을 지니고 있다. 우리 몸속의 내장은 심장은 왼쪽, 간은 오른쪽에 있는 등 비대칭적인 구조지만, 적어도 외형적으로는 대칭인 구조를 갖도록 진화되었다. 또한 물리적 형체뿐 아니라, 생명체의 성性도 일부 아주 원시적인 경우를 제외하고는 암수의 대칭적 구조로 진화되어왔다. 물질도 음이나 양의 전기같이 대칭성을 지닌 기본 입자들로 이루어져 있다.

물질세계뿐 아니라 정신세계도 대칭성을 가진 것처럼 보인다. 예를 들어, 동양사상은 음과 양을 기본으로 하는 음양설을 토대로 하고 있다. 또한 선과 악, 참과 거짓 등 우리의 많은 관념들은 대칭성이 있다.

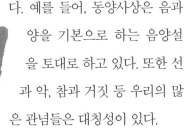

우리 세계는 얼마나 대칭적일까? 여러 경험적 사실로부터 우리는 자연세계가 아름다고도 완전한 대칭성을 가졌을 것이라 생각하게 된다. 1950년대에 중국 출신의 두 과학자가 '우리 물질세계는 완전한 대칭성을 가지지는 않는다'는 생각을 내놓기까지는 확실히 그래왔던 것이다. 그들은 우리 세계가 거의 완전히 대칭적이기는 하지만 그렇지 않은 경우도 존재하며, 따라서 '완전한' 대칭 세계는 아니라고 주장했다. 그들은 그러한 주장을 뒷받침할 실험도 함께 제안했는데, 그들의 주장은 실험을 통해 곧 입증되었다.

우리가 발견한 물리법칙들은 모두 공간 대칭성을 만족시키고 또한 시간 대칭성도 만족시킨다. 시간 대칭성이란 현재 알려진 과학적 사실들이 미래에도 여전히 변함이 없을 것이라는 뜻이다. 150억년 우주의 역사 스케일에서 수백만년이라는 시간은 찰나와 같은 짧은 시간이므로, 우리가 발견한 모든 물리법칙이 진정으로 시간 불변성을 갖는지 확인할 도리는 없다. 그러나 우리가 인지하는 역사의 범위 안에서 어제 일어났던 일은 내일도 일어날 것이다. 한편 시간 대칭성이란 어떤 사건을 찍은 영화필름을 거꾸로 돌려도 물리적으로 아무 잘못된 점도 없다는 것을 뜻하기도 한다.

그러나 우리는 그것이 사실이 아니며, 실제의 물리적 세계에서 시간은 한 방향으로 흘러간다는 것을 모두 알고 있다. 즉, 지나간 과거를 되돌릴 수는 없는 것이다. 물리법칙은 대칭적인 데 반해 우리 세계의 시간 흐름이 왜 비대칭적으로 과거에서 미래로만 흘러가는지에 대한 이해는 아직 충분하지 않다. 그러나 확실한 것은, 이와 같이 미래를 향해 한 방향으로만 시간이 흐르는 것은 거시적 세계의 현상들이 엄청나게 많은 분자들이 만들어내는 집단적 사건이기 때문이라는 사실이다. 즉, 하나하나 분자들의 운동은 어떤 경우에도 시간 대칭성을 가지지만, 그것이 많이 모인 상태에서는 시간 흐름의 방향이 정해지는 이해할 수 없는 일이 벌어지는 것이다.

우리 세계는 완전한 공간 대칭성을 가지는가? 공간 대칭성이란 우리가 알고 있는 과학적 사실이 우주 저 먼 곳에서도 여전히 옳다는 것을 뜻한다. 우주 스케일에서 확인할 도리는 없지만, 우리가 경험할 수 있는 공간의 영역 안에서는 이러한 사정도 역시 옳은 깃

같다. 우리 세계는 방향 대칭성도 가진 것 같다. 별을 통해 밤하늘을 바라보면, 어느 방향으로나 별은 골고루 퍼져 있는 것으로 보아 우주의 어느 방향도 특별한 방향은 아닌 것 같기 때문이다.

여러모로 보아 우리 세계는 매우 대칭적으로 보인다. 그러나 자세히 살펴보면 완전한 대칭적 세계는 아님을 쉽게 깨달을 수 있다. 예를 들어 넓은 의미의 '우리 세계'를 고려하면 우리 세계는 확실한 비대칭 세계임을 발견하게 된다. 우리 세계는 '물질'matter 입자로만 이루어져 있으며 '반물질'anti-matter 입자라 불리는 것은 거의 없다. 우리 세계는 왜 물질로만 이루어져 있을까? 우리가 아는 물리법칙 내에서는 물질을 선호하고 반물질을 차별해야 할 어떤 이유도 없어 보이기 때문에 큰 의문이 아닐 수 없다.

조금만 더 알려주세요! **반물질** 반물질 입자란 물질 입자와 모든 면에서 같으나 전하의 부호만 반대인 입자를 뜻하며, 영국의 물리학자 디랙 Dirac에 의해 처음으로 예견되었다. 예컨대, 전자의 반입자인 양전자는 지구에 들어오는 강력한 우주선 입자들에 의해 대기권 위에서 끊임없이 생성되고 있다. 전기를 띠지 않는 중성자조차도 그 자신의 반입자인 반중성자 짝을 가지고 있다. 그러나 반물질은 우리 세계에 남아 있을 수가 없는데, 그 이유는 반물질 입자가 생기더라도 물질 입자와 만나면 곧 빛으로 변하여 사라지기 때문이다.

디랙이 본 우리 세계는 특이한 세상이었다. 그에게 아무것도 없는 텅 빈 세계인 진공세계는 사실 아무것도 없는 것이 아니고, '무엇'이 가득 찬 세계였다. 예를 들어, 그 세계를 가득 채운 입자 중 하나가 에너지를 받아 그 세계 밖으로 튀어나와 전자가 된다고 해보자. 그러면 그것이 튀어

나온 빈 자리는 '양전자'라는 반물질로 그 흔적이 남는다. 디랙은 빛으로부터 전자―양전자의 쌍이 만들어지는 과정을 그렇게 보았던 것이다. 가득 찬 것이 텅 빈 것과 다를 바 없으며, 그때는 가득 찬 상태에서 무엇이 없어진 것의 흔적이 그 존재를 드러낸다는 것은 동양 고전철학이 말하는 것과 비슷한 면이 있는 것 같다.

보존법칙은 자연세계의 대칭성에서 비롯되었다

"상호작용현상은 대칭성의 결과이다." 이것은 노벨상 수상자인 양전닝楊振寧이 즐겨 말하는 구절이다. 그는 모든 힘들의 특성이 우리 자연세계의 대칭성의 결과라고 강조한다. 과학에는 유명한 보존법칙들이 있다. 대표적인 것으로는 '에너지 보존법칙' '운동량 보존법칙' '각운동량 보존법칙' '전하 보존법칙' 등을 들 수 있을 것이다. 물론 이들 외에도 많은 보존법칙들이 있다. 이러한 보존법칙들은 실험적으로 발견된 것들이며 언제 어디에서나 실험적으로 잘 검증될 수 있는 법칙들이다.

　　문제는 현재 우리들에게 언제나 옳아 보이는 이들 법칙이 영원히 옳은 진정한 진리인가 하는 점이다. 우리 인간은 우주의 역사에서 극히 짧은 순간만 존재하므로, 이들 법칙이 영원히 옳은지를 검증할 도리는 없다. 단지 우리가 사는 우주의 제한된 공간에서 지금 그 법칙들은 매우 잘 들어맞는다고 말할 수 있을 뿐이다. 이들 보존법칙은 근본적인 중요성을 가진 것들로서, 자연 속의 운동을 기술하는 동역학적 법칙에 따른 결과로 인식되어왔다. 그러나 20세기에 이르러 우리는 이들 법칙이 모두 대칭성에 근원을 두고 있다는 점을 인식하게 되었다.

우리는 우주의 중심이 없기 때문에 우주 내의 모든 점은 동등 하다고 본다. 이것은 한곳에서 옳은 물리법칙이 우주의 다른 곳에서도 옳다고 가정한다는 뜻이다. '운동량 보존법칙'이라는 중요한 보존 법칙은 이러한 공간 대칭성으로부터 얻어진다. 그러나 우리 누구도 우주의 다른 먼 곳에 가본 일이 없기 때문에 공간 대칭성의 가정이 진정 옳은지 확인할 도리는 없다. 그러나 운동량 보존법칙이 잘 성립한다는 점에서 우리는 공간 대칭성을 유추할 수는 있다.

또 '에너지 보존법칙'은 몇억년 후에 같은 실험을 해도 현재 얻은 결과와 똑같은 결과를 얻을 것이라 가정하는 시간 대칭성으로부터 얻어진다. 그러나 우주의 시간 스케일에서 어느 누구도 먼 과거나 미래에 살아본 적이 없으므로, 이런 가정이 진정 옳은지 알아 볼 도리도 없다.

또 '각운동량 보존법칙'이라는 것이 있는데, 그것은 밤하늘의 별은 어느 방향으로나 골고루 무한히 퍼져 있는 것처럼 보이며 동쪽과 서쪽을 구별할 도리가 없어 모든 방향이 동등하다는 방향 대칭성으로부터 얻어진다.

이런 가정들이 옳은지 그른지 우리가 확인할 도리는 없다. 우리가 알고 있는 '대폭발이론'Big Bang Theory은 우주가 한 점으로부터 시작되었다고 말한다(대폭발이론에서의 점이란 시공간 4차원의 점으로서, 우리가 생각하는 3차원 공간의 점이 아님을 유의해야 한다. 시간과 공간은 분리될 수 없는 개념이기 때문이다). 따라서 우주의 거대한 시간과 공간 스케일에서 볼 때, 공간 대칭성이나 시간 대칭성은 언제 어디에서나 옳지 않을 수도 있다. 그렇다면 에너지 보존 법칙 같은 불멸의 법칙처럼 보이는 것들이 영원하면서도 진정한 진리로 남아 있을 수 있을지 의문을 가져볼 수도 있게 된다.

보존법칙으로 연결되지는 않지만 아인슈타인의 상대성이론도 대칭성을 기반으로 한 것이다. 특수상대성이론은 '서로에게 등속도로 운동하는 모든 계는 동등하다'라고 가정한다. 이것은 '속도 대칭성'이라 볼 수 있다. 또한 일반상대성이론은 '중력을 받는 계는 중력이 없는 공간에서 중력가속도와 같은 가속도로 운동하는 계와 동등하다'라고 가정한다. 이것은 '가속도 대칭성'이라 볼 수 있다.

이들 대칭성은 현재 우리에게는 옳아 보이지만, 언제 어디에서나 항상 옳다고 증명할 수는 없는 것들이다. 아인슈타인은 갈릴레오나 뉴턴과 더불어 자연세계를 아주 깊이 이해한 사람으로 여겨지고 있다. 증명할 수 없는 이러한 대칭성의 가정들을 염두에 둔 것인지는 알 수 없지만, 말년에 이르러 아인슈타인은 자신이 발견한 많은 '진리'가 영원하고 진정한 진리로 남을 것인지에 대해 회의를 가졌던 것 같다. 아인슈타인은 한 친구에게 보낸 편지에서 "(내가 발견한) 어떤 개념도 영원히 진리로 남아 있을 것이라고 확신되는 것이 없다네…… 나는 내가 전체적으로 올바른 방향의 공부를 해왔는지에 대해서도 확신이 없다네"라고 말한 것으로 알려져 있다.

나는 신의 뜻을 알고 싶다.
나머지는 사소한 것들이다.

알베르트 아인슈타인

제3부

과학으로
들여다본
세계

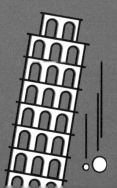

제1장
과학은 종교를 설명할 수 있을까

유명한 과학자 보어^{Bohr}에게는 다음과 같은 일화가 있었다고 한다.

보어는 시골 별장의 현관문 위에 편자를 못질해두었는데, 이렇게 하면 행운을 가져온다는 미신 때문이었다. 이것을 본 손님이 소리 높여 말했다.

"당신같이 훌륭한 과학자가 어떻게 해서 편자를 문 위에 매달아놓으면 그 집에 행운이 온다는 미신을 믿고 있나요?"

이에 대해 보어는

"아니오. 난 절대로 이 미신을 믿지 않습니다."

그리고 보어는 싱긋 웃으면서 덧붙였다.

"그렇지만 우리가 그것을 믿건 말건 편자는 우리에게 행운을 가져다준다녀군요."

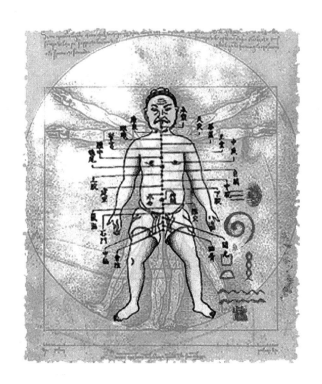

이 일화는, 이 세상에 자신이 이해할 수 없는 많은 것들이 있다고 생각하는 인간의 나약함을 보여준다. 대부분 인간은 자신이 합리적으로 받아들일 수 없는 사실 앞에서, 자신이 이해하지 못하는 초자연적인 가능성을 인정하는 겸허함을 지닌다. 많은 미신은 그렇게 해서 태어났고 또 존재한다. 일부 미신은 과학적으로 근거가 있지만, 아무런 근거도 없는 미신도 많이 있다.

역사에서 과학은 인간이 이해하지 못해 두려워했던 많은 것들을 잘 설명해왔다. 예를 들어, 뉴턴 시대 이전 사람들은 혜성의 출현이나 일식·월식 등의 사건에 공포를 느끼기도 했다. 또 번개나 벼락 같은 현상도 마찬가지였다. 그러나 이러한 현상들은 이제 과학적으로 잘 설명할 수 있는 것들이다.

20세기에 들어서 인간은 자연세계의 모든 현상을 과학으로 설명할 수 있다고 믿게 되었다. 따라서 과학으로 설명할 수 없는 종교는 불필요하며 의미가 없다고까지 생각하게 되었다. 즉, 과학적 기반이 없는 믿음은 미신에 불과하다고 본 것이다. 그러나 이러한 인간의 오만한 태도는 오래가지 못했다. 현대물리학이 출현하면서 인간의 인식 한계를 인정하게 되었고, 그것이 다시 우리를 겸손하게 만들었던 것이다. 성경에 나오는 바벨탑 이야기처럼 인류는 스스로의 한계를 인정할 수밖에 없음을 깨달았던 것이다.

자연세계를 깊이 깨달을수록 인간은 자신의 한계를 더욱더 절실히 느끼는 것 같다. 따라서 자연 속의 아름다운 질서와 신비로움 그리고 인간의 한계에 대한 인식을 통해, 많은 과학자들은 어떤 형태로든 종교적 감정을 가지게 되기 쉽다. 그러나 그러한 종교적 감정은 맹목적 종교관과는 다르다고 볼 수 있다. 과학자는 자연법칙의 조화 속에서 간접적으로 자신을 드러내는 그러한 신을 인식하고 받아들이는 것이다.

현대과학은 자신의 한계를 인정한다. 따라서 과학으로 이해할 수 없는 현상들에 대해서는 과학으로 설명할 수 없는 영역으로 인정하고 외경심을 가지고 바라본다. 과학은 "시공간 속에 물질이 '왜' 존재하는가" 같은 원초적 의문들을 철학이나 종교의 영역에 남겨두었다고 볼 수 있다. 그리고 인간의 경험에 기초하여, 이미 존재하는 물질세계가 '어떻게' 움직여가는지에 대해서만 다루어왔다.

약 100여년 전까지 인간은 우주의 모든 운동이 인과율에 따라 결정된다고 생각하기도 했다. 그러나 미시적 세계에서는 인과율이 적용되지 않는다는 사실을 접하게 되었고, 그런 관념은 인간의 '자유의지' 같은 철학적 문제에까지 연결되었다. 미시적 세계의 양자현상이 '자유의지'를 인정한다고까지는 볼 수 없을지 모르지만, 인과율로 설명할 수 없는 현상의 존재만으로도 인간은 자신의 한계를 인정해야 하는 것이다.

그러나 종교가 자신에 관련된 모든 것을 무조건적으로 신격화하고 믿으라고만 한다면 과학은 그것을 용납할 수 없을 것이다. "종교가 없는 과학은 절름발이고, 과학이 없는 종교는 장님이다"라고 한 아인슈타인의 말은, 과학과 종교의 이런 미묘한 관계를 잘 나타낸다고 할 수 있다.

성경에는 과학으로 이해하기 어려운 많은 '기적'이 기록되어 있다. 예를 들어, 성경의 '마귀와 돼지 떼'라는 부분에서는 과학으로 이해할 수 없는 초자연적인 존재인 '마귀'라는 것을 인정하는 부분이 있다. 또한 '예수의 옷에 손을 댄 여자'라는 대목에서는, 환자가 예수의 옷깃을 만지고 치유되었다고 하면서 '기氣'라는 과학으로 이해되지 않는 현상을 기술하고 있기도 하다. 이러한 '기'의 개념은 동양사상에도 나타나지만, 그 존재를 과학적으로 검증하기는 어려운 것이므로 초자연적 현상으로 이해할 수밖에 없다.

또 예수가 물 위를 걸었으며 그 제자인 베드로도 걷게 하였다는 부분 등 과학으로 설명 불가능한 많은 것들이 종교에서는 자연스럽게 받아들여지고 있다. 그런 현상들은 초자연적인 현상이므로 과학의 입장에서는 여전히 경외의 대상이며, 이러한 것들은 아마도 영원히 미신과 종교의 영역에 남아 있을 것같이 보인다.

제2장

생명이란
무엇인가

무엇을 생명체라 부를 수 있을까? 화성이나 다른 행성에서 지구상의 생명체와 비슷하며 특이한 어떤 존재를 발견했을 때 그것을 생명체라 정의할 수 있으려면 생명이란 무엇인지 과학적으로 정의해야 한다. 과학적으로 보면 생명체도 우주를 이루는 모든 물질과 마찬가지로 100가지 정도의 원소로 이루어져 있다. 그러나 생명체는 그런 여러 원소들이 매우 잘 정돈된 구조를 이루고 있는 유기체다. 심하게 말하면 생명체는 아무런 질서가 없는 잡동사니 원소들을 끌어모아 정교한 질서를 가진 분자를 만들고 그것을 유지해가는 존재인 것이다. 모든 자연의 변화는 잘 정돈된 상태로부터 무질서한 방향으로만 이루어진다는 점을 고려할 때, 이러한 생명현상은 매우 특이한 것임에 틀림없다.

과학적으로, 많은 원자로 무질서하게 이루어진 어떤 계가 스스로 우연히 질서를 가지게 될 가능성이 없는 것은 아니다. 그러나 매우 단순한 바이러스 같은 생명체조차도(바이러스를 생명체로 볼 수 있는지 아닌지는 논란의 대상이 될 수도 있다) 1조의 1조배나 되는 아보가드로의 수만큼 엄청난 수의 원자로 이루어진 것을 고려하면, 그 확률은 사실상 0이나 다름없다. 그래도 거대하고 유구한 우주의 역사에서 그런 일이 일어났기 때문에 오늘 우리가 존재한다고 과학자들은 생각하고 있다.

물질세계의 입장에서 보는 생명체는, 정교한 구조를 가진 분자들로 이루어진 물질 덩어리이다. 그러나 그렇게 이루어진 분자들은 서로 유기적인 관계를 맺으며 새로운 세계를 창조하게 되는데, 그 세계는 과학만으로는 이해하기 어려운 정신세계다. 생명체가 죽음을 맞는 순간 그 육체는 살아 있는 생명체의 상태와 다를 바 없음에도 불구하고, 그 육체는 더이상 정신세계를 가지지 않는 물질 덩어리일 뿐이다. 정신세계는 종교적으로 '영혼'으로 인식되는데, 영혼의 존재나 의미는 과학의 범주를 벗어나는 것이다. 따라서 생명을 과학적으로 이해하는 것은 불가능하며 종교의 영역에 속하는 것으로 보는 견해도 부정할 수만은 없다.

한편 생명체는 끊임없이 에너지를 공급받아야 생명을 유지할 수 있으므로, 주위 환경과 고립된 개체 생명체란 존재할 수 없다. 어떤 환경에서 살아가는 생명체의 경우와 같이, 두 계가 서로 상호작용하는 경우 그중 한 계의 엔트로피는 줄어들 수 있다. 물론 이때 다른 계의 엔드로피는 그 줄이든 양보다 더 많이 증가하게 되어 결국 전체 계의 엔트로피는 증가하게 된다. 생명체는 적은 엔트로피를 유지시키는 존재다. 따라서 생명체는 당연히 그 주위 환경의 엔트로피를 더 많이 증가시키게 마련이다. 그런 의미에서, 즉 열역학적 입장에서 보아도 생명체는 자신의 주위 환경을 이용하지 않고는 생명을 유지할 수 없다.

무엇을 생명이라 불러야 할지에 대해서는 여러 가지의 정의가 시도되었다. 생명체란 환경의 도움을 받아 끊임없이 자신의 엔트로피를 낮은 상태로 유지하는 기능을 가진 존재라는 정의를 '열역학적'thermo-dynamical 정의라 부른다. 그러나 냉장고 같은 것도 그런 기능을 하는 존재이므로 이런 정의에 의하면 냉장고도 생명체여야 한다.

그밖의 다른 정의로는 '대사적'metabolic 정의, '유전적' 정의, '생화학적' 정의 등도 있다. 대사기능이란 외부 세계와 물질교환을 하는 행위다. 그러나 생명체가 아닌 많은 것들도 대사작용을 한다. 또한 식물의 씨앗이나 몇몇 박테리아는 매우 오랜 기간 외부로부터 에너지를 공급받지 않고도, 즉 대사기능이 정지된 채로도 생명을 유지한다. 유전적 기능이란 자신을 닮은 다른 개체를 복제하는 행위를 나타낸다. 그러나 노새는 생식기능이 없으므로 이런 정의에 의하면 생명체가 아니어야 한다. 생화학적 기능이란, DNA 같은 유전적 정보를 지닌 분자를 가지고 있음을 뜻한다. 그러나 문제는 어떤 정의를 택한다 해도, 그 예외가 되는 것처럼 보이는 존재가 반드시 있다는 점이다.

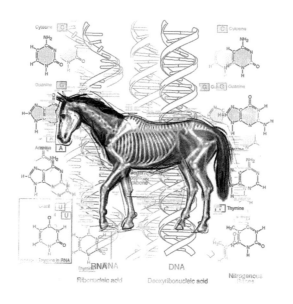

이런 문제점 때문에 '생리적'physiological 정의, 즉 먹고 마시고 숨쉬고 움직이는 등의 여러 가지 현상을 보이는 개체를 생명체라고 정의하기도 한다. 이렇게 여러 기능을 나열하는 것으로 정의하는 것은 과학적 정의라 하기에는 모호한 것이다. 따라서 우리는 생명이 무엇인지 이해할 수도 없을뿐더러, 무엇을 생명체라 불러야 할 것인지조차 마땅히 정의할 수가 없음을 인정해야만 할 것이다.

이렇게 개체로서의 생명체를 정의하기가 어렵기 때문에, 생명체를 그 자체의 생명 단위로 보지 않고 개체 생명체와 그 주위의 환경을 포함한 전체를 생명의 단위로 인식하는 '온생명'global life 이라는 개념이 출현하게 되었다. 즉, 생명이란 개체 생명과 함께 온생명의 성격을 지니는 존재이므로, 개체 생명의 틀 안에서만 생명을 이해하는 것은 어렵다는 것이다.

지구에 있는 생명체들은 자신의 주위 환경에 의존하지 않고는 생명을 유지할 수 없다. 즉, 지구상의 모든 생명체는 서로 떼어놓을 수 없는 유기적 관계로 얽혀 있으며, 또한 태양으로부터 에너지를 공급받지 않으면 존재할 수 없다. 그러므로 태양계 내의 생명체들은 태양계 밖에 있는 것들에 의존하지 않고 독자적으로 생명을 유지할 수 있다고 볼 때, 태양계 전체를 거의 완전한 하나의 생명 단위로 생각할 수 있다. 온생명의 관점에서는 개체 생명과 그 주위 환경이 상호보완적 기능을 수행한다. 예를 들어, 인간이라는 생명체는 자연환경과 분리되어 생각할 수 없는 온생명의 일부이다. 이 생각은 자연과의 조화를 중시해온 동양사상과 잘 어울리는 것이다.

제3장
우주에 우리 이웃이 존재할까

이 광대한 우주에 존재하는 생명체가 우리뿐이라면 우리는 너무나도 외롭지 않은가! 많은 사람들은 미확인비행물체[UFO]에 많은 호기심을 보이고, 또 외계인의 존재 가능성에 많은 관심을 가진다. 끝이 없어 보일 만큼 광대한 우주에는 지구와 거의 비슷한 조건의 별도 매우 많다고 알려져 있으므로 이런 생각은 당연한 것이다. 어떤 과학자들은 나름대로의 계산법을 통해 지구와 같이 생명체가 존재하는 별이 우주에 몇개쯤 된다고 말하기도 한다. 그러나 나는 다음과 같은 이유로 우리가 우주에서 유일무이한 생명체가 아닌가 생각한다.

우리 우주는 150억년쯤 전에 생겨났다고 한다. 그리고 우주가 생겨난 후 100억년쯤 지나서야, 즉 지금으로부터 약 50억년 전에야 태양이 만들어졌다고 한다. 태양이 만들어지기까지 매우 긴 세월이 흐른 셈이다. 또 태양계가 생기고도 약 15억년이 지난 후에야, 즉 지금으로부터 약 35억년 전에야 지구에 최초의 생명체가 출현한 것으로 알려져 있다.

무엇이 생명인가 정의하기는 어렵지만, 만약 자체복제를 할 수 있는 개체를 생명이라고 부른다면 최초의 생명이 생겨나기까지 매우 오랜 세월이 흐른 셈이다. 최초 생명체는 그것을 생명체라 정의할 수 있는지조차 불분명한 바이러스였을 것이며, 그런 바이러스가 생겨나는 데만도 100억년 정도라는 오랜 시간이 흐른 것이다. 초기 생명체들은 그후 진화를 계속해 여러 가지 동식물로 진화하였을 것이며, 화석을 조사해보면 지금은 멸종해버린 공룡 같은 거대한 동물까지도 지구에 생겨나 번성했던 것 같다.

그 시절 지구를 지배하던 공룡들이 왜 갑자기 멸망했는지는 확실치 않다. 아마도 커다란 운석이 지구에 떨어져 거대한 먼지구름을 만들고, 몇년간 지구를 덮은 그 먼지 때문에 모든 식물이 죽어버려 공룡이 멸망했다는 설이 유력하다고 알려져 있다. 그렇다면 그때까지 진화해왔던 많은 생명체들은 거의 모두 사라졌을 것이고, 겨우 살아남은 미미한 생명체들로부터 다시 또 새로운 진화를 계속했을 것이리라. 이러한 우여곡절을 겪어 우리 인간과 같은 고도의 지능을 가진 존재로까지 진화했을 것으로 추정된다. 우리의 조상이라고 부를 만큼 진화된 인간이 지구에 출현한 것은 지금으로부터 겨우 수백만년 전이다. 즉, 우리의 조상이라고 부를 만한, 두 발로 서서 걷는 인간이 지구에 등장하기까지는 최초의 생명체가 지구에 출현한 후

35억년이 걸린 셈이다.

수십억년의 시간 스케일에서 보면, 수백만년이라는 시간은 극히 짧은 시간으로서, 약 1/1000에 해당하는 시간이다. 그러나 그 짧은 수백만년 동안 인간은 많은 진화를 계속해왔다. 여러 역사기록을 볼 때, 지금의 우리와 비슷한 지능을 가진 인간의 출현은 아마도 지금부터 수천년이나 수만년 전쯤이 아니었을까 생각된다.

자신이 살고 있는 자연환경을 이해해보려고 인간이 노력한 흔적은 수천년 전의 기록에서도 나타나지만, 당시 인간이 이해했던 자연세계는 현재의 우리가 알고 있는 세계와는 매우 다른 것이었다. 역사에서 자연은 이해할 수 없는 두려운 존재로 인식되어왔으며, 그 결과로 많은 미신이 생겨났다.

자연세계에 대한 올바른 이해는 약 500년 전의 갈릴레오 시대에서 시작된 것 같다. 지난 500년 동안 과학의 발전은 놀라운 속도로 이루어져왔으며, 현대의 인간은 사실상 거의 모든 자연현상을 이해한다고 자부하는 단계에 와 있는 것으로 보인다. 예를 들어 인간은 우리에게 모든 에너지를 공급해주는 태양이 핵반응을 통해 그런 역할을 해왔다는 사실을 알게 되었으며, 또 생명의 핵심은 DNA라는 거대분자로 이루어진 유전인자라는 것 등의 심오한 과학적 사실을 깨닫게 되었던 것이다.

이러한 깨달음은 분명히 자연세계에 대한 우리의 이해를 깊게 해주었지만, 또 한편 우리가 성취한 놀랄 만한 능력에 대한 두려움도 동시에 가져다주었다고 할 수 있다. 예를 들어 우리 인류는 인

류 전체를 멸망시킬 수도 있는 핵전쟁의 공포 속에서 살아가야 하고, 또 유전자 조작 과정에서 우리가 통제할 수 없는 바이러스가 생겨나 우리를 멸망시킬지도 모른다는 불안 속에 살게 된 것이다.

우리 인류는 앞으로 얼마나 더 오래 생존할 수 있을 것인가? 공룡의 시대가 끝날 때처럼 커다란 운석에 부딪쳐 지구상의 생명체가 멸종하게 될 것인가? 아니면 핵전쟁이나 제어할 수 없는 바이러스의 출현으로 멸종할 것인가? 또는 지금으로서는 예상하기 어려운 다른 이유로 멸종할 것인가? 어찌 되었건 우리의 미래를 예측한다는 것은 매우 어려운 일이다.

그러나 확실한 것은 우리 인류와 지구상의 생명체들도 언젠가는 사라질 것이라는 점이다. 그리고 과학의 발전에 따른 우리 인간의 능력을 고려할 때, 그 시기는 우리 태양 불이 꺼지기 훨씬 이전에 올 것으로 예측된다. 우리 인간이 앞으로 수천년 이내에 멸망한다고 가정하면, 수백만년 계속된 인간 문명의 역사는 태양계의 역사에서 겨우 1/1000 정도의 기간에 유지된 역사로 기록될 것이다. 즉, 우주에서 인류의 역사는 순간적으로 나타났다가 사라진 문명으로 기록되는 것이다.

우리는 우주의 다른 곳에서도 인간과 같은 생명체와 문명이 존재했을 거라 가정할 수 있다. 그러나 그런 가능성이 있다 하더라도 그들 역시 우리와 비슷한 진화 과정을 겪지 않았을까? 그렇다면 우주의 시간 스케일에서 볼 때, 그들 역시 결국은 순간적으로 생겨났다가 사라지는 운명이었을 것이다. 매우 어려운 과정으로 생겨난 생명체가 만들어진 후 소멸하기까지의 기간이 우주의 시간 스케일에서 볼 때 찰나와 같다면, 그런 생명체가 우주에 동시에 존재할 확률은 거의 없다고 보아도 좋을 것이다. 이런 논리를 따르면, 우리는 현재 존재하는, 우주 전체를 지배하는 유일한 생명체로서 매우 귀중한 존재임에 틀림없다.

우리는 우리 자신이 왜 존재하고 있는지 모른다. 나는 나의 자유의지로 태어난 것이 아니기 때문이다. 『나의 세계관』에서 "우리 생명체는 얼마나 이상한 존재인가? 우리 모두는 여기에 잠깐 머물다 가는 존재들이다. 가끔씩은 자신의 존재 목적을 느낀다고 생각하기는 하지만, 자신의 존재 목적도 모르면서"라고 말한 것을 보면, 아인슈타인도 인간의 이러한 철학적 문제를 깊이 생각했던 것 같다. 우리는 이렇게 무지한 존재이지만, 그런데도 불구하고 우주 전체의 시공간 스케일에서 볼 때 유일무이한 존재로 보이는 우리는 매우 가치 있는 귀중한 존재이지 않겠는가!

제4장

과학적 진리는
존재하는가

●

인간이 확실하다고 말할 수 있는 것은 아무것도 없다.

당신의 말은 확실한 것입니까?

이것은 오래전 고대 그리스 알렉산드리아 지방의 히포^{Hippo}라는 철학자와 회의론 신봉자가 나눈 대화라고 한다. 이것이 의미하는 것과 같이, 진리에 대한 회의론적 시각은 매우 뿌리가 깊다. 그러나 고뇌 끝에 깨달은, 진정한 진리로 여겨지는 '확실한 진리는 없다'는 말조차 회의적 시각을 가진 그의 동료에게 바로 공격당한다. 동료 철학자는 히포의 이 말 속에서 이미 모순점을 발견했던 것이다. 이러한 대화는 인간이 진정한 진리를 깨달을 수 있는지 없는지의 해답을 여전히 의문으로 남겨두고 있다.

진리를 분류하자면, 물질세계의 여러 현상을 이해하여 깨닫게 되는 과학적(또는 학문적) 진리와, 물질세계를 기반으로 하는 정신세계에서의 깨달음인 철학적(또는 종교적) 진리로 나눌 수 있을 것이다. 과학의 목적은 물론 과학적 진리를 추구하는 것이지만, 많은 과학자들은 자연세계의 진리를 탐구하는 과정에서 궁극적으로는 철학적 진리까지도 생각하게 되는 것 같다. 과학자이면서도 또한 철학자였던 아인슈타인이 말한, "나는 신의 뜻을 알고 싶다. 그 나머지는 사소한 것들일 뿐이다"라는 말이 그 좋은 예다. 아인슈타인은 과학적 사고를 통해 물질세계의 진리를 추구했지만, 그것을 통해 그는 결국 우주를 지배하는 섭리인 철학적 진리까지 추구하고 싶어했던 것이다.

그러나 철학적 진리는 과학의 영역에서 설명하거나 이해하기가 불가능한 것처럼 보인다. 많은 철학적 또는 종교적 문제들은 인간의 논리를 벗어나는 영역에까지 그 범위가 미치기 때문이다. 성경에는 "진리가 너희를 자유케 하리라"라는 구절이 있다. 이것은 철학적 진리를 깊이 깨달을수록 인간의 영혼은 더 자유로워진다는 뜻이리라. 석가모니가 가르친 깨달음의 경지도 그런 진리의 깨달음을 뜻했을 것으로 생각된다. 그런 의미에서, 정신세계에서의 철학적 진리는 존재하는 것 같다. 우리 모두는 매일같이 조금씩이나마 그런 진리를 깨우치며 살아가고 있고 또 그것이 우리 삶의 궁극적 목표일 수도 있지 않겠는가!

우리 대부분은 학문적 측면에서 인간이 완벽한 논리세계를 만들 수 있다고 생각한다. 그러나 인간이 만든 논리세계의 불완전성은, 물질세계를 기술하는 과학의 불완전성보다 더 깊은 뿌리를 가진 것 같다. 과학에서 언어의 역할을 하며 가장 기본적인 공리로부터 출발하고 따라서 완벽한 논리를 가지는 학문으로 알려진 수학에 서조차, 완전한 진리의 존재는 명백하지 않기 때문이다. 수학의 논리는 흠잡을 데 없는 아름다움을 가지는 것처럼 보인다. 그러나 명백한 것은 수학 자체도 증명될 수 없는 몇 가지 공리로부터 시작할 수밖에 없으며, 우리는 '그 공리들이 진정한 진리인가'라는 물음에 근본적인 확신을 가지지 못하는 것이다. 수학에는 인간 논리의 한계를 드러내는 '괴델Gödel의 불완전성 정리'라는 유명한 정리가 있다. 그 정리는 다음과 같은 두 단계로 표현된다.

> 모순이 없다고 생각되는 논리체계가 있다고 하여도 그 체계는 불완전한 것으로, 그 체계 내에서 증명하거나 반증할 수 없는 명제가 존재한다.
> 또 그러한 논리체계를 이용해서는 그 자체의 모순을 증명할 수 없다.

이것은 인간이 만든 논리로는 넘어설 수 없는 영역이 존재함을 인정하는 정리라 볼 수 있다. 수학이 논리의 세계 속에 머무는 반면, 자연과학의 대상은 자연계다. 인간은 자연계도 수학과 다름없이 매우 논리적인 세계임을 발견하였는데, 그 이유는 수학에 기초를 둔 방법들에 의해 믿어지지 않을 정도로 물질세계를 잘 기술할 수 있었

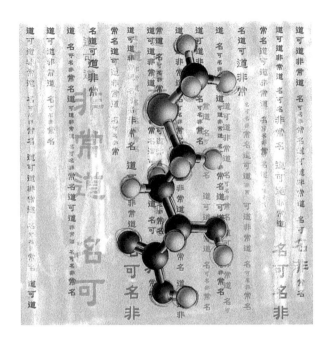

기 때문이다. 헝가리 출신의 과학자 위그너[Wigner]는 자연세계와 수학의 이런 관계를 "자연세계를 기술하는 데 믿어지지 않을 정도로 효율적인 수학"이라고 표현한 바 있다.

수학적 진리를 깨우치기 어려운 것처럼, 물질세계의 진리를 깨우치는 것도 확실히 어려운 일이다. 물질세계를 매우 잘 이해한 사람이었으며 어떤 동료로부터는 오만하다는 평가까지 받았던 뉴턴조차도, "자연의 모든 것을 설명하기란 어느 한 사람 또는 어느 한 시대가 맡기에는 너무나 어려운 과제이다. 그런 일은 모든 것을 설명하려기보다는 조금씩 확실하게 처리하고, 나머지는 뒤에 올 사람들에게 맡기는 것이 훨씬 낫다"라고 겸손하게 말했던 것이다.

물질세계를 기술하는 진정으로 완전한 과학적 진리는 존재할 것인가? 또 그렇다면 인간은 그 진리를 깨달을 수 있을 것인가? 이에 대한 답은 회의적인 것 같다. 시간과 공간을 서로 무관하게 독립적인 양으로 본, 즉 절대적 시간과 공간 개념으로부터 얻어진 뉴턴의 운동법칙은 상대성이론으로 보면 완전한 과학적 진리가 아닌 근사적 진리였던 것이다. 또 에너지 보존법칙이라는 과학의 뿌리가 되는 법칙조차도 시간 대칭성과 연관된 것으로, 우주가 끝나는 날까지도 그것이 옳은 법칙으로 남아 있을지는 회의적이다.

이런 경험은, 우리가 확실하다고 믿는 것은 일시적으로 그렇게 믿는 것에 불과하다는 점을 보여준다. 예컨대, 어떤 법칙이 늘 옳은 결과를 보이면, 우리는 그것이 진리라는 확신을 가지면서 언젠가는 그 법칙이 성립하지 않을 수 있다는 것을 부정하려 든다. 사실 아인슈타인이 지적했듯이, 어떤 법칙이든 그것이 '그르다'고 말할 수 있는 경우는 나타날 수 있지만, '옳다'고 '증명'할 도리는 없어 보이는 것이다. 따라서 우리는 '지금 우리가 살고 있는 시공간의 한계'에서 옳아 보이는 이론들이 언젠가는 그르다고 판정될 가능성을 안고 있다고 인정해야만 할 것 같다.

완전한 과학적 진리가 존재하는지 결론지을 수는 없지만, 그런 진리가 있고 또 우리가 그 진리를 깨닫는다 해도, 그 진리를 말이나 글로 나타낼 수 있는 것인지에 대한 의문은 또다른 문제다. 그런 생각을 잘 표현한 노자의 『도덕경』은 다음과 같이 시삭된다.

어떤 것을 '도'라고 하면 이미 그것은 '도'가 아니고
(道可道非常道)
어떤 것을 '무엇'이라 이름 붙이면, 그것은 이미 그 이름과는 다른 것이다(名可名非常名).

이것은 진정한 '진리'는 말이나 글로 표현할 수 없는 어떤 것이라는 노자의 생각을 담고 있다. 노자는 한발 더 나아가서 학문을 하지 말라는 다음과 같은 극단적인 말까지 했다.

학문을 하면 매일 할 일이 많아지고(爲學日益)
도를 실행하면 날마다 할 일이 줄어든다(爲道日損).

이 말은 뉴턴이 말년에 한 다음의 말과 잘 통하는 것 같다. 뉴턴은 말년에 자신의 심경을, "세상 사람들이 나를 어떻게 생각하고 있는지 나는 모른다. 그러나 내가 보기에 나는 바닷가에서 노는 한 소년에 지나지 않았던 것 같다. 이따금 보통 것보다 더 매끈한 돌멩이나 예쁜 조개껍질을 찾으며 놀았지만, 진리의 큰 바다는 전혀 밝혀지지 않은 채 내 앞에 펼쳐져 있었다"라고 토로했다. 학문적으로 깊이 깨달아갈수록, 우리는 자신이 얼마나 무지한지도 마찬가지로 점점 더 깊이 깨달을 수밖에 없다는 말인가!

자전적 작품 『파우스트』의 도입 부분에서 괴테도 그러한 의

미에서 자신의 심경을 다음과 같이 나타내고 있다.

> 아아, 나는 이젠 철학도, 법학도, 의학도, 원통하게 신학까지
> 모든 애를 다 써서 골고루 연구했도다.
> 그 덕에 이제 나는, 여기 이렇게 남아 있는 가련한 등신이다.
> 그렇다고 옛날보다 더 나아진 것도 없이,
> 석사님, 박사님 이름만 좋게 어언간 10여년의 세월을
> 학생들의 코끝만 올렸다 내렸다 잡아끌고 있으나,
> 결국 우리는 아무것도 알 수 없다는 것만 알게 되다니……

그러나 이러한 회의적 시각에도 불구하고 과학을 통해 우리는 우주가 얼마나 오묘하고도 신비로운지를 이미 많이 깨닫게 되었다. 그리고 앞으로도 더 많은 것을 깨달을 수 있을 것이다. 그러나 우리는 아마도 영원히 완전한 과학적 진리를 발견해낼 수 없을지 모른다. 그리고 바로 그 때문에 자연은 더 신비로운 것이 아닐까? 자연세계 속에 숨겨진 신비로움과 오묘함을 깨달아가는 끝없는 과정 그 자체가 즐겁고도 의미 있는 일인 것이다.

더 읽을 만한 책들

- 리처드 파인먼 지음, 박병철 옮김『숨은 질서를 찾아서』, 히말라야 1995.

- 리처드 파인먼 지음, 안동완 옮김『물리법칙의 특성』, 해나무 2016.

- 모혜정 지음『과학과 문화의 만남』, 이화여자대학교출판부 2003.

- 소광섭 지음『물리학과 대승기신론』, 서울대학교출판부 1999.

- 안톤 차일링거 지음, 전대호 옮김『아인슈타인의 베일』, 승산 2007.

- 알베르트 아인슈타인 지음, 김완섭 옮김『물리학의 진화』, 과학세대 1994.

- 알베르트 아인슈타인 지음, 김세영·정명진 옮김『아인슈타인의 생각』,

  부글북스 2013.

- 양형진 지음『과학으로 세상 보기』, 굿모닝미디어 2004.

- 장회익 지음『삶과 온생명』, 현암사 2014.

• 제러미 리프킨 지음, 이창희 옮김 『엔트로피』, 세종연구원 2015.

• 제이콥 브로노우스키 지음, 김은국·김현숙 옮김 『인간 등정의 발자취』, 바다출판사 2009.

• 제임스 E. 매클렐런 3세·해럴드 도른 지음, 전대호 옮김 『과학과 기술로 본 세계사 강의』, 모티브북 2006.

• 한스 크리스천 폰 베이어 지음, 전대호 옮김 『과학의 새로운 언어, 정보』, 승산 2007.

어디서나 무엇이든 물리학

초판 1쇄 발행 / 2006년 4월 25일
초판 4쇄 발행 / 2013년 10월 16일
개정판 1쇄 발행 / 2018년 3월 23일

지은이 / 이기영
펴낸이 / 강일우
책임편집 / 김효근
조판 / 황숙화
펴낸곳 / (주)창비
등록 / 1986년 8월 5일 제85호
주소 / 10881 경기도 파주시 회동길 184
전화 / 031-955-3333
팩시밀리 / 영업 031-955-3399 편집 031-955-3400
홈페이지 / www.changbi.com
전자우편 / nonfic@changbi.com

ⓒ 이기영 2018
ISBN 978-89-364-1208-1 03420